YANFA TUANDUIJIAN HUDONG GUOCHENG
YU HEZUO GUANLI

研发团队间
互动过程与合作管理

郭艳丽⊙著

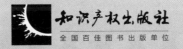

知识产权出版社
全国百佳图书出版单位

图书在版编目（CIP）数据

研发团队间互动过程与合作管理/郭艳丽著. —北京：知识产权出版社，2014.8
ISBN 978 – 7 – 5130 – 1170 – 9

Ⅰ.①研… Ⅱ.①郭… Ⅲ.①科研开发—组织管理学—研究 Ⅳ.①G31

中国版本图书馆 CIP 数据核字（2014）第 080461 号

内容提要

本书研究了组织间合作创新环境下研发团队的创新管理问题。基于系统论的思维，将合作创新系统划分为相互关联的有机子系统，对研发团队间互动过程及管理行为进行研究，为创新团队管理者识别管理内容，提高过程管理意识提供理论与方法指导。

本书适合创新型企业的研发主管、项目经理及研发人员阅读，也可作为技术管理、研发管理和创新管理方向的研究人员的参考读物。

责任编辑：国晓健　　　　　　　　　　**责任出版：刘译文**

研发团队间互动过程与合作管理

郭艳丽　著

出版发行：知识产权出版社有限责任公司	网　　址：http://www.ipph.cn
社　　址：北京市海淀区马甸南村 1 号	邮　　编：100088
责编电话：010 – 82000860 转 8385	责编邮箱：guoxiaojian@cnipr.com
发行电话：010 – 82000860 转 8101/8102	发行传真：010 – 82000893/82005070/82000270
印　　刷：北京科信印刷有限公司	经　　销：各大网上书店、新华书店及相关专业书店
开　　本：720mm×1000mm　　1/16	印　　张：12.5
版　　次：2014 年 8 月第 1 版	印　　次：2014 年 8 月第 1 次印刷
字　　数：185 千字	定　　价：36.00 元

ISBN 978-7-5130-1170-9

序　言

　　无论是工业革命时代还是知识经济时代，技术创新和知识创新一直都是技术密集型企业和社会经济发展的重要推进剂。在现代制造环境下，企业研发过程越来越复杂化、虚拟化，并且研发创新所需要的部分核心知识往往来自于企业的外部资源。合作创新在一定程度上提高了创新的成功率，降低了创新风险，促进了技术的发展，也是企业创新资源积累的重要途径。

　　团队工作方式在企业研发工作中逐渐得以广泛应用，团队已经逐步成为组织创新任务执行的基本单元。组织间团队合作创新的过程，实质是不同组织的研发团队间为满足复杂任务的需要，进行知识学习、知识创造和知识利用的过程。合作创新团队的管理者与决策者，有必要把握研发团队和创新环境对合作创新过程的影响，并在合作创新过程中对研发团队和创新环境进行协调与管理。而目前关于研发团队间合作创新系统的研究仍然处于探索阶段。

　　为研究研发团队间合作创新过程中知识学习、创新互动的影响因素及其管理问题，在理论分析基础上，本书提出了团队—任务互动的合作创新系统这一研究命题，基于系统论的思想，采用文献分析、数理建模分析、调查与案例分析等方法，对团队—任务互动过程的合作创新机理进行了探究。

　　本书主要研究内容如下。

　　第 1 章对研发团队间合作创新相关问题的研究现状进行分析，阐述对研发团队合作创新过程及相关互动行为的研究意义，说明研究目的、研究内容、采用的研究方法及本书的创新点。

　　第 2 章明确了研发团队知识位势的内涵，构造了包含知识位势维、任务空间维、时间演进维的研发团队知识创新的概念模型，进而对研发团队合作创新过程进行了理论分析，从研发团队周边环境、研发团队属性、研发团队间关系 3 个方面对研发团队互动创新过程的影响因素进行了分析。

第 3 章考虑研发团队间知识学习过程的生态系统特征，对研发团队的知识学习行为进行界定，对其内涵进行了深入分析。进而将组织间开展合作创新的研发团队视为一个知识系统，建立了系统内团队间合作学习的微分动力学模型。研究了考虑任务互动效应下研发团队间不同学习行为对其知识位势发展的作用机理。对团队间合作学习与知识转移管理的相关问题进行了探讨，合理选择不同的知识转移媒介和为促进知识转移而进行合理组织与管理，有助于保证研发团队合作学习的效果。

第 4 章对研发团队知识管理的内涵及其特征进行了分析，提出研发团队应该参与的各项知识管理活动。将表征研发团队知识资源结构与存量的团队知识位势作为一个重要的研究变量，分析不同知识位势情境下的创新投入决策，提出了支持研发团队创新的知识管理实践机制。

第 5 章对研发团队合作创新过程中的冲突及其管理问题进行了研究。从团队成员个体特征、研发团队所处环境等方面对引发团队冲突的因素进行了分析。从时间演进的角度，对团队合作创新过程中合作双方任务冲突管理行为的演化机理进行了分析。对团队沟通有效性的影响要素和团队沟通形式进行了探讨。

第 6 章基于系统论的思想，将团队—任务互动合作创新系统视为由系统输入、团队—任务互动过程和系统输出组成的动态创新系统。提出了任务型团队间合作创新系统的理论框架，利用系统动力学方法，深入细致地分析了任务冲突、团队—任务匹配效果等关键变量在系统运行中对合作创新系统知识位势发展的作用机理，得到可有效管理任务型联盟合作学习与知识创新过程的有益启示。

第 7 章对 HG 公司研发团队进行合作创新的背景做了简要描述，对其合作创新过程的支持环境与管理实践做了细致分析。

本书的出版受到太原科技大学博士科研启动项目"研发团队知识互动的

过程机理与制度设计"（编号 W20142001）的支持，也是山西省社科联重点课题"山西省装备制造业创新发展研究"（编号 SSKLZDKT2013041）的研究成果之一。

本书是在博士学位论文基础上修改而成的。本书与原稿的理论研究思想、基本框架和主要研究结论并非大相径庭，但是在内容上仍然做了大量修改，在对一些问题的表达上增添了许多新的理解。

在此，再次感谢我的博士生导师易树平教授，感谢在我的博士学位论文写作过程中提供指导与帮助的各位老师以及朋友们。

博士学位论文以及本书稿是我的学术研究生涯中非常重要的里程碑，是我近 4 年在研发团队的知识管理领域辛勤耕耘的收获。希望此书呈现的不仅是自己过去一段时间的研究总结，也能成为与在研发团队创新管理领域奋斗的研究人员和企业管理人员沟通的媒介，希望得到各界人士的批评、指正和帮助。

郭艳丽

2014 年 2 月 28 日

目　录

第1章 绪 论

1.1 研究背景

2011 年 9 月第 64 届法兰克福国际车展上，中国的长安逸动 EADO，其高效动力、新五星安全标准、时尚动感造型、舒适驾乘四大竞争优势，使它具有赶超合资品牌同级车的动力性能和品质，改变了人们对长安自主轿车的认知。[1] 2013 年 1 月 19 日，在被誉为中国汽车界奥斯卡的 "2012 CCTV 中国年度汽车评选" 中，长安逸动力挫群雄，斩获 "2012 CCTV 年度紧凑型乘用车" 大奖，也成为该车型上市半年以来获得的第 20 项专业大奖。[2] 截至 2012 年年底，逸动销量突破 4 万辆，市场表现供不应求。[2]

汽车品牌的竞争优势越来越依赖于难以模仿的知识。任何一个企业要实现长远的发展，与善于管理企业内部的知识资产、优化配置其知识资源是分不开的，同时，还必须要创造与利用不断出现的新知识，从而与新兴技术的发展相匹配并应对客户不断出现的新需求。汽车行业的知识库不仅复杂，而且专业知识分布分散，因此需要建立跨组织合作创新关系，以探索与利用新的知识，协同整合不同组织间的技术与知识优势，形成知识社会化的一个 "场"，使不同知识主体在既定任务与创新目标下，在模仿、交换、组合过程中实现新知识的创造，从而推动行业发展与技术进步。

无论是一个汽车品牌或者是整个汽车行业，无论是工业革命时代还是知识经济时代，技术创新和知识创新一直都是技术密集型企业和社会经济发展的重要推进剂，而新产品开发是企业创新活动最具体的体现。

产品创新等研发过程是新知识、新技术不断涌现的过程，知识管理工作在这个过程中扮演着"智力资本杠杆"的角色，具有四两拨千斤的管理效能。研究报告、标准规范、程序文档和产品数据等是知识管理的对象，知识沉淀、知识共享、知识学习、知识应用、知识创新等环节构成了知识管理活动的重要内容，而企业的信息化建设、知识管理系统的架构与实施，无疑会更好地促进组织创新，逐渐固化组织的知识资产，避免知识随着人才的流失而流失，使企业获取更多的商业利益。

许多创新管理的文献已经表明，在动态环境下的新产品开发过程越来越复杂，开发过程中各阶段活动创新要求越来越高，更容易为知识管理工作的顺利开展带来各种困扰与挑战，因此需要更加广泛和深入的知识支持，而这些知识通常情况下必须从产品开发核心团队的外部获取。在这种情况下，产品创新必须依靠具有不同专业背景的研发团队，或者是来自不同组织环境的研发团队来实现。因此，创新过程所需要的知识，以及创新过程所产生的知识，既可能存在于组织内部不同部门中，也可能分散于跨组织的创新网络中，这对技术密集型企业的知识创造、知识利用和知识管理工作提出了新的要求。

合作创新在一定程度上促进了技术的发展，是企业获得技术能力的重要途径。研究表明，企业的技术吸收能力、技术应用能力和技术创新能力等不同方面的技术能力只能在研发中形成。在合作创新组织中，通过在研究项目和产品的过程中学习，不仅提高了企业研发人员个人的学识和智力，而且使研发团队的智力得到开发，实现以较小的成本付出获得研发人员人力资本增加和企业研发能力增强的目的，也为企业能够更快、更有效地获得必要的知识进行创新活动提供了平台。合作创新组织，对企业技术能力的获取、传递和整合提供了更广阔的实践场所，为企业能力发展和组织学习提供了更多机会，而合作创新组织成员间的互动与交流，为企业技术能力的提高和知识资源的丰富提供了一条有效路径。

在技术快速发展和市场不断变化的知识经济时代，团队工作方式逐渐得以广泛应用，团队已经逐步成为组织任务执行的基本单元。[3]研发团队是由知识工作者构成，以任务执行与攻关、促进团队合作创新为目的，成员相对固定的一种项目团队，是组织成员知识社会化的一种组织形式。组织中个体成员的知识，在研发团队执行任务的过程中通过互动与扩散，最终生成组织所共享的新知识。

组织间合作创新的工作过程，实质是不同组织的研发团队间为满足复杂任务的需要，进行知识分享[4]、知识获取、知识利用和知识创造的过程。团队的知识水平、社会地位属性以及团队间联系的强度、沟通的频率、团队间的沟通形式等会影响合作创新组织的知识管理工作，影响知识的创造、吸收与转移，合作创新组织知识学习和知识利用的能力是其创造力和竞争力的重要体现。[5]

1.2　国内外研究现状与分析

1.2.1　文献综述

1. 知识创新的含义

知识（knowledge）起源于智者的思想，是人们在改造世界的实践中获得的认识和经验的总结[6]，是通过学习或体验获得的资料（information）、技能（skills）和理解（understanding）。[7]学者 Wiig[8]认为，知识包含真理和信念、观点和概念、判断和展望、方法和诀窍以及流程性知识等。英国的科学家兼哲学家 Polanyi[9]最先从认识论的角度将人类的知识分为两类，即显性知识和隐性知识。显性知识（explicit knowledge）是指以文字、图像、符号、数学公式等表达，用印刷或电子方式记载，可供人们交流的结构化知识，如原理、方法、工艺等；隐性知识（tacit knowledge）是指那些非编码的、直觉性的和不能被明确表述出来的知识，这类知识很难被交流、理解和共享，需要通过对人类行为的观察、知识诱导活动和团队成员在组织结构环境中互动才能获得，包括企业的专家经验、创造性解决问题的能力、管理层的领导能力和洞察能力、管理技巧和团队精神等。[10]

著名管理学家德鲁克[11]认为，知识创新（knowledge innovation）是指赋予知识资源以新的财富创造能力的行为，这意味着知识是可以流动的，知识可以创造新的价值。学者 Amidon[12]提出，知识创新是指为了企业的成功、国民经济的活力和社会的进步，创造、演化、交换和应用新思想，使其转变成市场化的产品和服务，这表示知识创造和知识应用是知识创新的重要内容。Popadiuk 和 Choo[13]认为，知识创新是指能够为企业带来新能力的知识生产和知识应用。从这些文献的观点来看，知识创新的本质特征是知识不仅具有一定的"新颖性"，而且还由其应用价值而产生"经济特性"，知识创新也同样具有过程和结果的两面性。从创新知识类型可将知识创新分为技术知识创新、管理知识创新、市场知识创新。

知识创新与技术创新是有一定区别的，这是由于技术与知识不完全等同。企业技术创新活动中的"技术"是指为某一目的共同协作组成的各种工具和规则体系。[14]这说明技术是有目的性的，与知识不同；技术的实现是通过使用设备等工具，广泛"共同协作"完成的；生产使用的工艺、方法、制度等知识是技术的重要表现形式；技术是成套的知识系统。傅家骥教授[15]认为，技术创新是指技术经过生产系统转化为商品，并能占有潜在市场，实现其商业价值，从而获得经济效益的过程和行为。对技术创新比较普遍的认识是基于 OECD 在《技术创新统计手册》中的定义，技术创新是技术发明的首次商业化，包括产品创新和工艺创新。从技术变化过程中，技术变化强度的不同，可将技术创新分为突破性创新和渐进性创新。[16-18]

科学技术是推动经济发展的第一生产力，知识创新是技术创新的基础，技术创新的实践又能不断拓展知识创新的问题域和认识域[19]，为加速知识创新提供技术手段的支撑。

在如今技术研发活动高度复杂化和创新合作网络化、虚拟化的时代，知识密集型企业仅仅关注组织的技术创新，并不能完全确保其在行业内的竞争优势。日益动态的环境缩短了产品的生命周期，也使得某项技术在市场的运行周期缩短，企业必须开发新技术，探索新知识，只有知识创新才能确保竞争优势的持续，因此，企业既要关注技术创新及其团队管理，这是企业近期生存的基础；又要在知识创新范围进行组织管理，这是企业长远发展的基础。

2. 知识创新领域的基础理论

（1）知识创造及与知识创新关系。

学者 Nonaka[20]通过对日本企业的实践研究，提出了知识创造（knowledge creation）的 SECI 螺旋模型，其基本含义是，知识的创造要通过社会化过程的作用，个体或组织通过共享隐性知识而做到知识的传递，形成他人的新的隐性知识，作为其新的能力的知识基础；外部化就是把个体或局部经验性、模糊的隐性知识上升为确定的、能够表达的显性知识；组合化是通过将分散的显性知识经过个体或组织的加工或融会贯通，从而升华组合成显性知识系统；内部化是个体或组织吸收新的显性知识内化为新的隐性知识；通过上述知识循环和创造的过程，形成了知识从低一级的层次向高一级的层次不断提升和发展的过程。所以，知识创造是新知识革命性的出现，是显性知识和隐性知识螺旋转化为新知识的过程[21]，具有过程和结果的两面性。根据知识创造的主体不同，知识创造分为个人、团队、组织、组织间知识创造 4 个层次。[20]

Nonaka 的知识创造模型得到国际学术界的广泛认可，现在许多学者对其进行了扩展研究。王娟茹等[22]深度解析了知识创造过程的 SECI 模型，对知识资产、柔性组织、场等知识创造的关键因素进行了分析。党兴华，李莉[23]以 SECI 模型为基础，基于"执行者和客户"观点，把知识分为高位势主体和低位势主体，构造了知识创造的 O-KP-PK 模型。Brännback[24]在 SECI 基础上，提出了知识创造过程的网络 Ba 模型，通过建立网络 Ba，可在各种 Ba 之间促进个体与团队成员间的知识共享与合作。

学者们在知识创新模型方面的研究也较广泛。如天津大学的和金生[25]借助仿生学的有关理论对知识创新中知识生息特征的研究，提出了知识发酵模型，通过对知识发酵构成要素的分析，揭示出组织学习和知识创新的内在机理。哈尔滨工业大学的邹波、张庆普等[26]分析了"同血型"和"混血型"知识团队的生成过程和知识创新机理，认为异质性的"知识级别"、"知识属性"的互馈机制、缺口弥补机制等组成了知识创新的机制。史丽萍、唐书林[27]认为知识创新的过程跟原子的跃迁过程有很多相似之处，讨论了知识创新与玻尔原子模型的关系，提出了知识创新的玻尔原子模型并对模型的指标体系进行了设计与应用。

知识创造和知识创新的关系，可通过对上述研究文献的梳理和分析获知。知识创造和知识创新的区别是，知识创新不仅强调知识的"新颖性"，更强调知识所产生的市场价值和经济效益，知识创造的目的是进一步实现知识创新，知识创新则进一步促进了知识创造。知识创造与知识创新的联系是，由于新知识只能在一定的物质和精神性条件下才能投入实际应用，物化为新产品、流程或者服务等，所以从结果上看，知识创新是知识创造的子集；由于知识创造过程和知识创造的延续过程，即知识应用，共同构成了知识创新过程，所以从过程上看，知识创造是知识创新的一个子过程[28]。

（2）知识管理及与知识创新的关系。

学者 Bassi[29]认为，知识管理（knowledge management）是指为了增强组织的绩效而创造、获取使用知识的过程。学者 Wiig[30]认为，知识管理是系统地、公开地、有目的地构建、更新和应用知识，以此来最大限度地实现企业目标，获得知识资本的最优回报和知识的不断更新。美国生产力与质量研究中心（APQC）认为企业知识管理是为了提高企业竞争能力，而对知识的识别、获取和有效应用的过程[31]，并提出了 6 种企业知识管理战略模式：把知识管理作为企业经营战略；知识转移和最优实践活动；以客户为重点的知识战略；建立企业员工对知识的责任感；无形资产管理战略；技术创新和知识创造战略。在当前及未来的环境条件下企业管理特别是技术密集型企业的管理在本质上就是知识管理。

知识管理是一个涉及面较宽的研究领域，国内外学者往往从不同的角度研究知识管理，大体上来讲，有技术学派、行为学派和综合学派。从研究的对象看，技术学派倾向于把知识看作相对稳定的实体，更多地涉及知识的挖掘、维护与应用，行为学派的研究更多地强调知识的动态特性，更多地涉及与知识相关的创造、共享、传播与应用等过程的管理。从研究方法看，技术学派侧重于计算机信息技术与人工智能技术手段的研究；行为学派侧重于从人文、社会与经济管理等角度进行的研究；综合学派则既考虑技术层面的问题也考虑管理方面的问题，是上述两学派的折中，对知识的管理，包含知识内容的管理和知识过程的管理两个方面。

哈佛大学 Hansen 教授等学者，以人和技术两方面因素为出发点，将知识管理策略（knowledge management strategy）分为编码化策略和人际化策略。[32]编码化策略是以技术为主的知识管理策略,注重利用高质量、可靠和快速的信息技术,发展电子文档系统,用于编码、传送、存储知识,人的作用就是将自己头脑中的隐性知识用专业语言表达出来,从而能够输入计算机系统供其他人分享。人际化策略强调人在知识管理中的作用,注重通过沟通个人的专门知识,建立人际间关系网络,通过虚拟会议系统、网上论坛以及知识地图等工具的辅助,方便专业人员之间的交流,促进隐性知识的共享,对问题提供创意和建议。由于编码化策略适用于显性化知识的管理,人际化策略适用于隐性化知识的管理,并且采用编码化策略的组织需要投资建立大型的电子数据库,使员工能够很方便地搜索、传送与存储所需的知识,采用人际化策略的组织,其员工需要具备较高的分析能力和创造能力,因此选择适合创新环境的知识管理策略,使知识创新过程与知识管理策略相匹配,是提高创新绩效的关键。[33]

知识管理过程(knowledge management process)涉及多种活动,国内外学者对这一问题做了深入研究。学者 Ruggles[34]认为知识管理活动可分为知识产生、知识固化和知识转移。学者 McAdam[35]认为知识管理过程可以由知识建构、知识内化集成、知识扩散以及知识应用4种相互有机关联的活动组成。学者 Holsapple 和 Joshi[36]将知识管理分为知识获取、知识选择、知识内部化、知识使用,而知识使用包括知识外部化和知识创造过程。学者 Gloet 和 Terziovski[37]强调了知识管理是由知识创造、知识测评、知识编码、知识传送、知识存储和知识共享过程构成的。

大连理工大学的韩维贺[38]等通过一套测量工具的设计与实施,提出了一个较为完善的知识管理过程划分框架,认为知识管理包括知识创造、知识组织、知识转移和知识应用4个基本过程共12个维度,知识创造过程包括外化、内化、社会化和综合4个维度,知识组织过程包括存储、编码、维护和检索4个维度,知识转移过程包括传播和吸收两个维度,知识应用过程包括杠杆与整合两个维度,并且各个过程、维度之间存在着紧密联系。

吉林大学的朱秀梅等[39]根据其中一些活动的同一性或密切关系,将知识捕获、收集与获取界定为知识获取过程,作为知识管理的第一个维度;外部获取和内部创造是组织知识的两个主要来源，将知识创造作为知识管理的第二个维度；由于知识整合以利用为目的，且能够涵盖知识转移、扩散、转化、共享、吸收等活动，将知识整合作为知识管理过程的第三个维度。

知识创新与组织的知识管理密切关联，适宜的知识管理策略和方法，可帮助组织有效地创造和利用知识，是增强组织竞争力的必要途径[40,41]。可以从以下几个方面理解知识管理对于知识创新的重要性。

第一，知识管理的实施有助于企业的知识创新。现代技术产品的生命周期越来越短，创新性往往是企业获得并保持竞争优势的重要因素[42]。许多企业往往面临着如何使其知识员工的工作更高效的问题，以方便对产品设计数据的实时共享、存储和整合工作。那么，如何让恰当的知识在恰当的时间以恰当的方式呈现给恰当的人，从而做出恰当的决策？知识管理采用技术手段，使无序繁冗的信息有序化，使企业研发的过程通顺流畅，各个节点紧密有序，为成员提供知识共享的环境，提高其研发效率和创新能力。知识管理可将研发成员的知识集成，将个人的隐性知识变为团队的显性知识，从而提高研发成员素质和研发团队的整体创新能力。在企业中实施知识管理，就可以做到将企业在经营活动中创造的知识有效地进行分类、加工和储存，通过一定的知识共享机制让这些知识发挥作用，从而为企业创造新的知识和新的财富。

第二，知识管理的实施有助于企业规避创新风险。企业的创新过程包含了许多无法预测的风险。这种不确定性由市场环境的不确定性、新产品开发的难易程度和创新成员的能力大小所决定。知识管理的实施在一定程度上可有效降低企业产品研发，尤其是技术研发中的这种风险。企业获取到研发项目所需要的信息和知识，可以为技术创新工作提供有意义的依据和参考，帮助企业快速而准确地做出研发方向或者技术选择等方面的判断，减少创新方案中的不完善之处，有效地缩减创新时间，减少创新成本，提高企业创新工作的成功率，避免研发项目失败的风险。

第三，知识管理的实施有助于提高企业的创新柔性。为适应外部环境和市场需求的变化，企业面临的问题不是怎样做好某一类型产品创新的工作，而是要求其创新能力能够对环境及市场做出及时、快速的反应，具有一定的创新柔性，仅采用信息管理技术是无法满足企业的这种要求的，知识管理及其方法能够协助企业感知微弱的市场信号，并按要求对各种资源进行组织，对管理事件做出有效的反应，通过提高知识互动的密切程度使企业能够快速适应多变的环境。[43]

第四，知识管理的实施有助于员工对新知识的吸收与反馈。知识管理一方面通过对知识的整理和分类，将企业无序信息有序化，为员工提供知识共享的环境，可便于各类知识的获取与学习，使创新过程各环节、各类人员间的交流过程更加流畅[44]；另一方面，具有新知识的员工将其知识运用到产品的创新中时，其他员工可以从这种创新中学习，或者对其提出新的设想，促进了新知识的流动。[45]

（3）知识学习及与知识创新的关系。

知识学习是知识以不同的方式在不同的组织或个体之间的转移或传播，使新知识被学习主体有效吸收和利用的过程[46]，是知识通过知识接受体与知识源之间的沟通而被接受体汲取和应用的过程。[47]

越来越多的企业认识到，技术创新活动的开展必须以相应的专业知识为基础，知识学习应伴随企业技术创新活动的始终。[48]一方面，企业新技术的研发、新开品的开发或者新生产流程的引进都是创新的具体体现，都需要相关人员进行新知识的学习，不断获取新知识，得以使企业的知识基础持续拓展，吸收能力不断增强，利于提高组织对环境和技术变化的关注度，利于刺激企业对新技术、新知识的学习，利于提高创新实践的成效；[49]另一方面，技术创新过程实际上是一个知识的获取、传递、共享和利用的动态的学习过程，既需要企业内部知识资源的优化整合，也需要从企业外部获取新知识，组织内知识学习与组织间知识学习是相互影响的[50]，知识创新的根本来源于知识学习。[51]

根据组织对当前已有知识的态度的不同，知识学习可分为利用式学习和探索式学习。[52]利用式学习（exploitative learning）指企业投入资源对现有的知识、技能和工艺的提高和延伸，目的在于使现有活动更加高效和可靠。[52,53]探索式学习（explorative learning）指企业投入资源获得新的实践以及发现新技术、新事业、新流程和新的生产方式等的活动。[52,54]两类学习方式的根本区别在于利用式学习是在组织当前已有知识的基础上进行学习，旨在全面充分利用组织已有的知识，而探索式学习倾向于脱离组织当前已有的知识，旨在开创全新的知识领域。探索式学习可以促进突变创新的开展，但不利于渐进创新的开展；而利用式学习可以促进渐进创新，但对突变创新有不利的影响。[55]

组织知识学习过程增加了企业的知识基础，并使企业行为发生变化，是实现技术创新的必经过程，但由于其中还涉及众多的中介与调节因素，未必导致创新的结果，组织知识学习是知识创新的必要而非充分条件。[56]

3. 知识团队与创新管理研究现状

（1）知识团队的含义与特点。

团队的概念最早是指在传统工业中出现的工作群体，规模介于组织和个人之间，用来完成依靠单个成员难以完成的日常任务，如班、组、工段、流水作业线、生产线等皆是包含两人或两人以上，通过相互协调完成同一任务的工作团队。学者对团队（team）较严谨的一种定义是，为完成共同的任务，彼此才能互补、认同共同目标、绩效标准和工作方法，且互相信任的专业成员群体。[57]团队又有别于群体（group），所有的团队都是群体，但只有正式群体才是团队。管理学大师 Stephen P. Robbins 认为团队与群体的主要区别在于：群体强调信息共享，团队则强调集体绩效；群体的作用是中性的（有时可能消极），而团队的作用往往是积极的；群体责任个体化，而团队责任既可能是个体的，也可能是共同的；群体的技能是随机的或不同的，而团队的技能是相互补充的。

在知识经济时代，单单依靠一个人的专业知识已远远不能满足完成复杂工作对知识的需要，各种专业知识领域的界限已日益模糊，彼此交融，那么，由不同知识领域的人构成知识团队，来完成组织特定的复杂创新任务已是必然。学者对知识团队的一种定义是，团队是由一群符合解决组织复杂问题需要的、具有多方面知识技能以及功能背景的成员组成的，是组织进行创新活动的行动单位。[58]知识团队是企业创新与持续良好运转的保证，逐渐发展成为组织的核心资源，其成员组成主要是知识型员工，解决知识问题、进行知识创新及处理与创新相关的日常工作等是知识团队及其成员进行知识交流、知识共享的目的所在。企业技术研发团队、高校科研团队、管理咨询团队等都是现代知识型团队的一种。"团队"化的工作模式，建立了知识工作者与不同团队间基于"任务"而工作的知识互动平台，为各种专业知识交融、结合到共同任务中去，提供了组织管理上的便捷。

与传统的组织形式比较，知识团队的特点如下。

第一，知识团队工作的创造性与挑战性并存。知识团队尤其是企业中从事新产品研发工作的技术团队，其工作的内容具有一定的挑战性，需要比较严格地按照时间进度与质量要求完成某项创新型的任务，其工作成果具有很高的创造性。

第二，知识团队基于"项目"的运作机制，使组织工作可以按照较为高效的方式运作。知识团队的人员组成一般按照项目式的组织管理方式，因此，其知识结构与团队目标的吻合度比较高，为知识员工能力的发展提供了多样化的机会，并且，这种组织方式使得人际网络的紧密度更强，便于创新者能够在整个组织层次上快速发现优势资源，从而支持组织知识创新活动。

第三，知识团队成员异质性。所谓异质性（diversity）即指社会特征异质性（social category diversity）、信息异质性（informational diversity）和价值异质性（value diversity）三类。[59]其中社会特征异质性是指成员在年龄、性别、民族、种族等人口统计学特征上的差异；信息异质性是指团队成员由各自不同的教育经历、工作经验等引起的知识背景和观点上的差异；价值异质性是成员对于团队目标、任务的不同理解造成的差异。社会特征异质性会引起团队成员间关系冲突[60]，信息和价值异质性会增加团队成员间任务冲突[61,62]，任务冲突对团队绩效有积极影响，而情感冲突对团队工作绩效和成员满意度等有消极作用。[61,63]

第四，知识团队促进了组织中的知识交流和知识转移。团队成员间异质性知识的互动与交流，使得组织内部形成了基于多个串联任务以及并联任务的知识互动的"场"，形成了组织内部独特的知识合作网络，提高了组织内部知识利用的效率，利于知识员工专业知识能力的提升和组织知识的创新。

第五，知识团队工作行为的自主性较强。一个知识团队的大部分人员从事的都是具有较大创造性的工作内容，其大脑思维与创造过程往往不受时间和空间的限制，其自主决策和自我管理对工作效果的影响较大。需要组织采取合适的管理方式和激励手段鼓励知识团队及团队成员全身心投入工作。

（2）团队知识创新的影响因素研究。

组织知识创新目标需要由组织内的各种知识团队来分别完成，团队知识创新可理解为在由不同专业技能的知识型员工组成的团队内，通过知识互动、知识利用等行为完成创新任务，以达到组织知识创新的目标和要求。

学者们主要从团队组织的特征和团队创新过程两个方面研究了团队创新的影响因素，团队组织的特征方面主要指团队内信任、团队的知识吸收能力、团队的任务特征等因素，团队创新过程方面主要指团队反思、团队冲突管理、团队创新氛围等因素。

知识团队要尽快运作起来，就必须建立互信合作的团队内关系，团队间知识成员的相互信任是创造良好氛围的重要因素之一，只有彼此信任，团队成员才能自由地发挥想象力，提出新想法，更积极地开展创新性实践，研究表明，团队内的信任可以促进组织内部的知识转化和集成，培养团队的创新能力。[64]

知识的吸收能力由既有知识（团队能力）和激励能力（团队动机）两个维度构成，通过有效激励，可促使团队成员具有更高的工作动机，从而提升团队知识吸收能力。[65]知识吸收能力是研发团队创新绩效提高的基本要素，知识吸收能力的提高有助于增加团队知识存量、优化团队知识结构，为知识转移、知识集成，进而形成新知识提供基础。[66]

知识共享意识和风险共担意识有利于团队成员的知识整合能力。这是因为，关注于团队成员对团队知识的共享意愿，有助于构造和谐的团队，而团队自主氛围的培养有助于团队知识集成能力的提高，对 69 个工作团队的 410 个成员的实证研究分析表明，团队自主氛围对团队知识整合能力发挥起着关键作用，这种作用影响了团队的绩效。[67]

团队个人之间的相互作用以及团队的自主性程度皆对团队绩效产生影响，他们的组合效果取决于任务相互依存的程度。具体表现为，在较高的任务互依性时，团队绩效随着团队自主程度的提高而提高，在较低的任务互依性时，团队绩效随着团队自主程度的提高而降低；在较高的任务互依性时，团队绩效随着个人自主程度的提高而降低，在较低的任务互依性时，团队绩效随着个人自主程度的提高而提高。[68]

人们太过强调即兴创作的无意识性，并且认为即兴创作必然产生积极效果，对即兴创作的这两个误解，阻碍了管理者重视此类技能的开发。学者Vera 和 Crossan[69]澄清了人们对于即兴创作的不当认识，提出了研究的理论模型，作者描述了实践、合作、同意、接受、利用团队的交互记忆等原则是如何使团队工作有效，以及是如何为即兴创作提供支持的。即兴创作本身无好坏之分；然而，即兴创作在团队、情境因素的调节作用下对团队创新是有着积极影响的；并且即兴创作的技巧是可以通过训练使组织成员掌握的。

团队创新氛围是工作团队成员对影响其创新能力发挥的工作环境和氛围的一种共同感知。[70]个体特征，如个体的人格特征、受教育程度以及自我效能感等[71-72]和组织特征，如人际关系、领导行为及领导类型[73-74]等是影响团队创新氛围的两类因素。团队创新氛围能够影响员工个体行为、动机、工作态度，进而促进整个组织的创新能力和创新绩效的提升，最终形成组织的核心竞争力和可持续发展的能力。[70]

团队反思是团队成员公开地反省团队目标、战略和过程，并根据对内部和外部情况的预期进行调整的程度。[75]团队反思可以促使人们从各种不同的角度审视自己的建议，开阔问题研究的思维，促进团队内部良好的知识资源流动，从而提高团队创新水平。[76]团队积极性的合作目标、团队成员的社会沟通与交流技能和项目管理技能等是对团队反思效果产生正面影响的因素。[77]

团队内知识冲突产生时，往往会促进不同类型知识之间的碰撞和互动，可以使原本分散的差异化知识在知识冲突过程中重组、归并和整合，同时，知识冲突也会对团队成员中新思想的出现造就发展的契机，促使大家切换已有的知识视角，在更宽的知识平台上理解问题，新知识可能会在切换的过程中创造出来。知识差异和知识冲突存在着交互作用，知识冲突对于团队的影响要依赖于团队知识差异的大小。[78]

（3）团队知识创新过程管理。

知识团队以"知识"为基础的创新活动过程的复杂性与系统性，要求必须重视知识团队创新过程中团队与团队知识的管理与配置，为团队成员较高效地为组织目标服务而做好知识管理工作。国内外学者主要从创新团队的管理、团队的创造管理、团队知识共享管理、新产品成功关键因素的管理等方面做了许多有意义的研究工作。

学者 Koch[79]认为识别组织内部不同形式的社区和团队，是组织进行创新管理的基本条件。作者以程序和制度权威两个影响生产力的关键变量作为研究的维度，建立了一个团队划分的概念模型，不同的团队应以不同的方式来管理。有目的地选择适当类型的创新团体，公司可以对变化做出响应，取得较成功的创新成果。

学者 Wilson 和 Doz[80]通过对英特尔、诺华、三星、施乐等分布在全球的创新项目长达 12 年的研究，提出了分配责任和支持高级经理、实施严格的项目管理和使用经验丰富的项目领导人、根据能力分配创新资源、建立足够的重叠知识以有效协作创新、不要仅依靠技术手段来进行知识交流等共 10 项建议，以飨需要管理全球性分布的创新团队的组织，利于组织挖掘隐藏在分散的、全球业务中的创新思想和创新能力，并帮助其将这些思想和能力有效运用在全球性分布的团队成员的创新实践中。

学者 Vaccaro 等[81]以汽车行业新产品开发项目为例，研究了两个虚拟团队的组织知识创造过程。作者以 Nonaka 的知识创造模型为理论基础，探讨了知识过程是如何虚拟化的，即信息和通信技术（ICT）的高程度利用，使得在个人和组织层面产生了知识创造的新形式。在团队和个人知识的社会化、外部化、组合化和内在化的不同阶段中，信息和通信技术都有力地支持着知识的创造和转化，支持着新产品研发项目的成功。

知识团队执行一项创新项目时，需要具备与任务相关的一些知识，学者 Gasik[82]认为项目知识的基本类型有两种：一个是微观知识即执行一个任务所需的知识，另一个是宏观知识即成员具备在所在的组织的资格时所应具备的知识。作者提出了一个完整的项目知识管理模型，认为项目的知识管理应包括个人知识、项目知识、组织知识和全球知识 4 个不同的层次，从这 4 个层面描述了微观知识的生命周期和宏观知识的生命周期，以及各级组织之间垂直知识流动过程。

学者 Burgess[83] 采用定性和定量相结合的方法，研究了跨部门的信息共享，以对超出工作组的分享和寻求知识的动机进行预测。研究发现，认为知识分享可使组织产生更多回报的员工会花更多的时间分享超越工作组之外的知识；而认为知识是在组织流动中向上升迁的手段的员工则不太可能与人分享知识，更可能寻求信息。此外，共享和寻找知识意愿更弱的员工认为，各工作组层面比组织层面信息交换的互惠化、规范化管理应更强一些。

学者 Koskinena[84] 等认为可以从整体论上来认识人（the Holistic Concept of Man），人是由意识、人们之间的关系和具体的存在 3 个方面组成的。项目式的组织工作环境，为隐性知识的利用提供了合适的物理环境。团队成员面对面的交流可提高隐性知识的分享程度，语言作为生产工具，决定了什么样的输入方式较容易为人接受，相互信任可以方便人们接近各种知识，较高程度的交互与接触可以提高隐性知识的获取和分享。

学者 Schulze 和 Hoegl[85] 提出了以社会化、外部化、组合化和内在化概念为基础的知识创造模型，此模型可适用于新产品开发项目的概念设计阶段以及新技术转变成新产品阶段的研究与实践。作者发现，社会化在概念设计阶段和组合化在技术发展阶段与新产品成功是正相关的，但是外部化在概念设计阶段、社会化和内在化在技术开发阶段与新产品成功是负相关的。

知识共享是组织进行知识转移和知识创造的必要过程，可以帮助组织获取和保持竞争优势。学者 Hsu[86] 等人以团队层面的输入—过程—输出（IPO）模型为基础，采用实证方法研究了团队人格组成、团队过程（情感关系）和团队输出（知识共享）之间的关系。团队严谨性、意见一致性的程度越高，经验开放程度越高，往往就有更高层次的知识共享。

学者 Wang 和 Ko[87] 认为如果知识不能在项目团队成员之间有效地分享，则会产生诸多不良的后果。作者探讨了在新产品开发项目中，当项目范围发生变化时，知识共享机制的运行和权变因素对知识共享的影响问题。通过案例研究，作者分析了实践社区、知识编码化与资料整理、导师指导与监督3个关键的知识共享机制以及分析了知识分类和索引、管理风格、任务复杂性等级3个权变因素的含义及对知识共享的影响。

学者 Wu[88]等人以团队作为传递和保存知识的基本单位的视角研究了知识转移问题，并且强调了知识转移过程中的知识学习。知识共享和学习强度是知识转移的两个决定性因素。在社会资本视角下，通过增强信任和社会互动等方式，有效促进团队层面的知识共享和学习强度。

学者 Sabherwal 和 Becerra—Fernandez[89]认为特定的知识包括特定情景的知识、特定技术的知识、特定技术—情境的知识三类，这三类知识分别通过交换（exchange）、指导（direction）、社会化（socialization）、内化（internalization）4 种知识整合机制起作用，若要考虑效率问题，不同种类的知识应与不同的知识整合机制相匹配，作者通过对航天中心的实证研究，提出了一个可提高知识整合满意度的知识整合理论模型。

学者 Lee[90]等集成社会资本、项目团队成员的领导风格、模块化、团队成员多元化和新产品开发绩效等因素提出了一个综合研究框架，探讨了新产品开发的关键成功因素。作者研究发现，领导参与会有较高水平的社会资本，产生更好的新产品开发绩效；新产品的模块化程度越高，会使新产品开发绩效越高；团队成员多元化对新产品开发绩效没有显著的影响。

4. 合作创新与管理研究现状

（1）合作创新的含义。

合作创新是两个以上的企业分别投入创新资源而形成的"合作契约安排"，目的是实现共同的研发目标，是创新活动的一种组织形式。[91]从知识获取的视角来看，企业建立合作创新关系是为了学习必要的专业知识和专业技术，而这种知识是隐含在工作场景和工作流程中的，合作关系的确立是取得这种知识的有效途径。[92]合作研发是多个企业以共同创造新的技术为目标，进行有效的知识共享和知识转移过程，信息能否在各企业间通畅流动是合作的关键。[93]

我国学者鲁若愚[94]等提出，合作创新是指为提高创新的成功率、降低创新风险、增强技术或资源积累等，通过多种途径和形式，合作参与技术创新全过程或其中某一阶段的联合技术创新现象。汪忠和黄瑞华[95]指出，合作创新是多个企业致力于创造新技术，从而进行知识交流和知识共享，以增加彼此的竞争力和创造力。

从学者们对合作创新的理解来看，知识是合作创新的本质所在。知识管理理论把企业合作创新看作企业间知识获取、吸收、利用和创新的过程，其本质是知识要素的重新组合和发展。知识经济条件下，企业合作创新就是将组织知识融合、转化为产品知识或服务以及创造新知识的过程，合作创新实质上是一个跨组织的知识创新过程。

与生产相关的知识和技术随着专业化分工的深化而使得技术深度和知识深度逐步积累，对于企业间关系而言，合作创新的必要性大大增强，并且当行业的技术知识基础比较复杂且处于不断深化中，或者，行业专有知识资源的渠道广泛时，一个企业已不可能在所有的技术领域均具有所要求的技术能力，因此技术创新通常会在多个组织间联合完成，从而实现在一个知识网络中的行业技术创新。根据参与主体的不同，合作创新可以分为产学研合作创新[94,96]和企业间合作创新两类。[97]

对于企业间合作创新而言，竞争背景下的合作创新管理存在众多的问题，如伙伴的选择、合作的范围、资源的使用、利益的分配等，这些实践问题均需要理论上的指导。

（2）合作创新主要组织形式。

合作创新有多种形式，各有其适用条件，企业需要根据其发展目标、市场条件、行业地位、创新周期等来决定其与合作者的合作形式。[98-100]

① 研发合约：为了某种新产品或新技术，合作各方鉴定一个联合研发协议，以汇集各方的优势，提高成功的可能性，降低各方开发费用与风险。如德国博世与长城汽车签署了研发合作协议，博世在汽车发动机管理系统与底盘制动等产品上给长城汽车以支持，为长城汽车的产品创新提供了强有力的支持。[101]

② 技术许可形式：拥有特定技术的企业、大学、研究机构通过向其他企

业发放专利和许可证，实现技术合作与转让。购买技术许可证有降低开发费用、减少技术和市场风险、加速产品开发和缩短产品进入市场的时间等好处。如飞兆半导体公司和英飞凌科技公司就英飞凌的 H-PSOF（带散热片的小外形扁平引脚塑料封装）先进汽车 MOSFET 封装技术达成许可协议，这种封装技术的效率更高、性能更好，可满足更高效率和更低排放强制要求。[102]

③ 联合研究：由不同的企业、大学、研究机构以及政府组成的合作研究组织，将基础研究、应用研究和技术开发集成起来，对一个具体项目进行共同研究。其优点是：企业可以互相利用稀缺资源和技能，共同分担风险和费用。如长安汽车与重庆大学签订协同创新战略合作协议，结合重庆大学学术研究、设计优势和长安汽车技术、制造优势，共同推进知识创新、技术创新，推动生产应用创新体系链环的实现。[103]

④ 研发合资：几个企业联合资源、专家和技能等优势资源，共担风险、建立一个新的研究开发企业，并依据各自的股权投资额分享利润和投资成本，这种模式多出现在高新技术领域或科技密集型产业领域。

⑤ 战略联盟：美国 DEC 公司总裁 J. Hopiand 和管理学家 R. Nigel 于 20 世纪 80 年代提出了战略联盟的思想，两个或两个以上有着共同战略利益和对等经济实力的企业（或特定事业部门），为达到共同拥有市场、共同使用资源等战略目标，通过各种协议、契约而结成的优势互补、风险共担、生产要素水平式双向或多向流动的一种松散的网络组织。如广汽集团和奇瑞汽车于 2012 年 11 月签约建立战略联盟，将在整车开发、动力总成、关键零部件、研发资源、节能与新能源汽车等领域开展合作。双方建立的这种联盟关系可以发挥双方产品平台技术上的互补效应，将来奇瑞的发展中可以获得广汽资金、项目的支持，而广汽利用这种合作则可获得技术与配套体系等方面支持，快速实现自主化。[104]

⑥ 创新网络：多个企业之间建立一种松散的合作关系，技术知识和信息在组织内自由分享和传播。创新网络中每个企业可称为节点，根据节点的特性，即可确定企业在网络中所处的地位和影响，技术、专长、信誉、经济实力和合作程度等皆可作为确定的依据。一个组织在合作网络中所处的位置会

影响它在网络中的资源获取能力。

这里将在合作创新中提供知识资源的一方称作知识供应者，另一方将创新的成果应用在产品的生产中，可称其为知识利用者。这几种合作创新组织模式的区别可主要从下面两点来理解。第一，知识资产的控制权归谁所有，即由谁掌握合作开发的技术成果。如在研发合约、技术许可形式中，知识供应者掌握知识资产的控制权。第二，交易关系维持的期限，即是长期合作还是短期合作。如联合研究、研发合资、战略联盟是长期合作，研发合约、技术许可形式是短期合作。

（3）合作创新的管理问题研究。

① 国外研究现状。国外学者在研究组织间创新合作时较少采用合作创新这一概念，而是使用研发合作（R&D cooperation）、研发联盟（R&D alliance）、合作研究（cooperative research）、研究合作（research partnering）等概念，在联盟伙伴选择、知识资源管理、创新网络特征、创新联盟的学习、创新绩效的管理等方面研究的较广泛也较深入。

学者 Lin 和 Wu[105]认为发展组织的知识资源可通过研发、战略联盟和企业收购 3 种策略。知识深度薄弱的技术公司应该专注于内部研发，以提高在核心技术领域的知识积累，而那些知识深度较强大的公司应降低其内部的研发强度，适宜将它们的战略资源转向企业间的联盟合作和收购的企业。

学者 Emden 等[106]研究了新产品开发过程中合作伙伴的选择过程。研究表明，合作伙伴的技术调整会引发合作伙伴评价过程，然后是战略调整和关系调整阶段。后期阶段与前期阶段同等重要，以保证通过合作将关键隐性知识转移和整合在产品价值的创造过程中。

学者 Zhang 等[107]认为企业内部的知识和组织结构影响战略联盟的形成。实证研究表明，组织的知识宽度和其研发组织结构的集中性正向影响其吸收能力，有助于形成战略联盟，且知识库的广度与研发组织结构的集中性具有可替代性。

学者 Kim 和 Song[108]认为可以使用共同专利这一指标来衡量联盟在新技术方面的创造性。实证研究结果表明，共同专利与具有路径依赖性质的技术库之间呈倒 U 形的关系，并且当联盟伙伴间之前有合作关系，即其技术领域有一定的重叠性时，再次合作创造的共同专利就更多。

学者 Zhang 等[109]研究了公司内部特征是如何对学习联盟产生影响的。实证研究表明，当一个公司具有深厚的知识时，可能不愿意进入一个研究联盟，担心发生知识泄露以及可能从合作者那里学到很多东西的可能性少一些。相反，当企业有广泛的知识基础，由于其快速学习的能力，自信能比合作伙伴学得更快，进入联盟的可能性很高。

学者 Nielsen 和 Gudergan[110]认为企业进入国际性的战略联盟时探索式创新和利用式创新可以作为两个独立的策略来选择，同时这种策略之间存在潜在的冲突。实证研究也表明与二元论的论点相异，这两种策略有不同的前因，会产生不同的后果，不存在平衡问题。能力相似性有利于提升创新绩效，而合作的经验则可能对创新绩效的提升不利，信任和文化距离的作用并不明显。当合作的动机提升效率时，与合作伙伴的经验则会对绩效的提升有益。

创新网络是近几年复杂技术创新需求下出现的一种技术范式[111]，这种方式具有全球性的影响力和更快的创新速度。通过汇集多渠道的知识和经验，创新网络中的企业以及其他的组织可以吸收空间和时间不确定下的组合知识。学者 Rycroft[112]研究认为，创新网络中战略联盟之间的关系和产品开发的速度之间是非线性关系，联盟数量和新产品开发速度的数量之间是倒 U 形关系，合作的收益随着时间递减。

学者 Grant 和 Baden—Fuller[113]认为，联盟合作的主要便利在于能够接触到某些知识而不是获取知识。在探索式创新（exploration）和利用式创新（exploitation）概念区分基础上，研究表明，联盟合作有助于提高知识应用的效率，这是由于，一是可以提高知识集成效率，用到复杂的商品和服务的生产中；二是可以提高知识利用的效率。

企业间研发合作成功的关键因素是什么，对日本中小企业的项目在技术和商业上的成功分别有怎样的影响，学者 Okamuro[114]通过实证的方法分析了包括成员结构、合作伙伴关系、外部支持、资源投入和成果分享的规则等关键因素的作用。实证结果表明，合作研发越成功，外部可用资源的质量越高、数量越多,交易成本和协调成本就越低。另外,决定技术和商业成功的因素有很大不同。

学者 Aalbers[115]认为信任与合同及其他正式约束机制一样,皆是知识密集型研发联盟组织间进行知识、产生创新绩效的前提条件。作者通过实证研究表明,若市场高度动态化,公司可以基于信任作为研发联盟的一个非正式的协调机制,建立信任关系的同时签订合同也是非常必要的。信任可以降低联盟合作伙伴之间互动的不确定性,可以使 R&D 联盟的整体交易成本下降。

学者 Lin 和 Wu 等[116]从吸收能力的角度探讨了研发联盟的相关因素与组织创新绩效的关系。组织加入多个研发联盟,组织间的互动引发信任增强,可使伙伴愿意与其交换更多的新知识,帮助组织缩短研发周期,利于其创新绩效的提高;而联盟内组织间的技术距离在研发联盟占公司联盟总数的比例和创新绩效之间的倒 U 形关系中是调节作用;公司的自主研发强度越高,加入研发联盟就越少。研发联盟应该被视为一种补充,而不是对企业内部研发的全部替代。

学者 Kotabe 等[117]以汽车行业为例,研究了美国和日本企业的供应商与合作伙伴的知识交换、知识转移与供应商绩效提高的关系,并以长期关系维护作为调节变量,研究表明两个样本的互动模式是类似的,调节变量的作用不显著,但是技术转移的程度越高,合作关系会越持久。另外,关系资本有助于企业间建立关于对更高级别的技术能力的学习与转移。

学者 Sampson[118]研究了合作伙伴的技术多样性与联盟的组织形式对企业创新绩效的影响。对电信设备行业研发联盟实证研究表明,当技术的多样性适度时,联盟对公司的创新贡献更多。在层级组织中,若提高公司在联盟中的收益,则可以引起更高层次的技术多样性。

学者 Nielsen[119]从组织学习和社会资本的角度,提出了一个合作伙伴特征和联盟产出之间关系的集成框架,并将知识内隐性和信任作为调节机制。联盟的学习会引发创新,即使不进行知识学习而仅仅组合分散的知识库也可以引发创新。另外,知识的内隐性对学习和创新有着负向的影响作用,而信任则对学习和创新有着正向的影响作用。

② 国内研究现状。我国学者在合作创新领域关于联盟形成、风险与防范、资源投入、利益分配、创新绩效的影响与管理等方面做了许多具有理论价值和实践指导意义的研究。

王萍等[120]对知识密集型服务业（KIBS）的调查研究发现，知识密集型服务业越来越多地渗透到企业中，与金融业、ICT 行业等各种不同的客户进行创新合作，主要是帮助客户企业开发和引入全新的产品或服务，新建或改进流程与规则，与客户企业进行高度的互动，是创新推动者、传播者和发起者。知识密集型服务企业之间目前竞争和合作程度不高，与研究机构以及大学的合作关系还有待进一步加强。

冯博、樊治平[121]考虑了协同效应信息的知识创新团队伙伴选择问题。知识创新团队是一种任务团队，一般以项目的方式进行运作，通过协作的方式解决某一知识创新任务或解决某一类知识问题，相互间形成知识互补和相互负责的工作关系。在信息与通信技术支持下，创新组织可以呈现虚拟化，因而在团队伙伴选择时，需要对伙伴间的协同效应信息做出考虑。

于春海、樊治平[122]等认为各企业间的利益冲突对 R&D 联盟的形成至关重要，R&D 联盟的形成过程也就是各企业利益冲突的协调过程。他们建立了一个包含信任、企业学习能力和技术溢出率在内的联盟形成过程博弈模型。模型分析表明，企业的最优预期利润是信任、企业学习能力、技术溢出率的函数，这些因素对于企业结盟与否有重要影响，最优预期利润的不同导致了关于联盟形成的不同结论。

企业 ERP、CRM 等信息系统的集成使用需要企业、系统集成商以及多个原系统服务商等多主体在知识共享的基础上实施知识创新。游静[123]从知识积累的角度，研究了合作知识创新过程中合作双方的成本分摊机制。原系统服务商承诺知识创新成本分摊将有助于提高项目成功预期、改善委托方对知识创新的努力水平，并且原系统服务商所愿意承诺的知识创新比例受到自身学习能力、委托方学习能力、不确定预期以及知识创新效率的影响。

蒋樟生、胡珑瑛[124]认为联盟知识转移合作创新过程中所处的地位会影响其进行知识转移的决策，围绕着联盟成员间知识转移的水平状况与知识生产函数的关系，运用从博弈模型分析探讨一个盟主企业与多个合作伙伴间的知识转移决策问题。研究发现，联盟存在和发展的前提是盟主企业的知识边际收益足够大，盟主企业知识转移决策与其自身的知识边际收益正相关。

企业间合作创新过程中可能会面临知识产权风险。一种是由知识转移主体的动机、转移的客观情景等合作关系方面因素引发的知识产权风险；另一种是由转移主体的能力、转移内容的内隐性、转移媒介丰度、合作双方知识距离等其他因素引发的知识产权风险。[125]其中反馈能力、多重暗示性、语言多变性和个体关注等不同的媒介丰度属性可能引发相同的知识产权风险，合作创新主体的知识转移双方应该从知识转移媒介、合作伙伴、知识属性和双方关系等方面采取相应的风险防范措施。[126]

刁丽琳[127]研究了企业合作创新在无惩罚制度、有惩罚制度和考虑未来合作收益三种情形下知识窃取和保护的演化博弈过程，研究认为，企业加强知识保护能够减少知识溢出损失，但无助于消除合作伙伴的知识窃取行为，只有通过惩罚机制和未来合作收益的制约才能从根本上杜绝机会主义行为，应通过知识保护成本的控制、惩罚机制的完善、未来合作收益的提高等途径来促进合作创新。

杨玉秀、杨安宁[128]认为，知识溢出正负效应的同时存在，使企业合作创新处于两难困境。一方面，知识溢出为合作创新提供了合作的前提和基础，知识溢出越多就越有利于合作创新的成功完成；另一方面，知识溢出又在一定程度上打击了合作者的合作意愿和积极性，阻碍了合作创新的产生和实现。通过建立长期技术研发联盟，明确共享知识产权，有利于化解合作创新中知识溢出的负面效应，解决合作创新的两难困境。

蒋军锋、盛昭瀚等[129]在合作双方能力不对称的前提下，探索了创新能力、运作能力等因素对创新合作的影响。研究认为，运作能力和合作能力的提高可以增加本企业的合作可能，但是会减少合作伙伴企业的合作可能；非对称能力情况下，企业之间的合作需要收益转移机制来提高合作水平。

1.2.2 研究现状分析

从国内外合作创新相关领域的研究现状可以看出，在技术研发活动高度复杂化和创新合作网络化、虚拟化的时代，如何建立有助于发展企业优势的合作创新联盟，如何解决创新联盟合作过程中的问题，越来越受到企业界和学者的关注。近年来，国内外学者在合作创新联盟知识资源的使用、创新联盟的学习、风险与防范、创新网络特征、利益分配、创新绩效的管理等方面开展了大量的研究，为企业间合作创新的决策与管理提供了理论的指导，但现有的研究成果有以下不足。

（1）对合作创新联盟的研究视角有限，有待于进一步完善。

多数文献从行业和企业层面对合作创新问题进行研究，对于合作创新网络以及企业创新联盟问题关注较多。一个企业可能会加入多个不同的研发联盟，一个研发联盟对合作创新目标的解决要依赖于组织内的知识团队，这些知识团队的特征及其创新过程决定着实际创新任务的完成效果，因此有必要以团队为研究视角，研究创新联盟中这些跨组织知识团队的合作创新过程与管理问题。

（2）欠缺对合作创新过程中团队知识学习问题的定量研究。

对合作创新过程中团队合作学习的研究以定性分析为主，不同地位知识团队的学习行为对系统有什么影响、任务互动对系统内知识团队的影响效果有何不同，鲜有文献采取数理模型的方法研究其内在规律。

（3）对联盟内知识创新主体对创新绩效的影响问题还有待于进一步研究。

学者对合作创新联盟创新绩效及其影响因素问题的研究一直较为关注，采取实证研究以及数理模型研究的方法揭示其中的规律。以跨组织知识团队间的视角研究创新绩效的影响因素问题，是对此领域研究的范围和研究内容的进一步完善。

（4）缺乏对跨组织知识团队合作创新系统的集成研究。

鲜有文献以系统论的思维将跨组织知识团队间的合作视为一个输入—过程—输出系统，并将影响系统创新行为的因素视为一个相互影响、相互依存的复合体来进行研究；缺乏对合作创新过程中各种关键要素对系统动力机制的影响研究。

本书采用文献分析、数理建模与博弈分析、调查与案例分析、系统动力学建模分析等方法，针对研发团队间合作创新过程中的相关问题，从系统论的角度，将团队—任务互动的合作创新系统划分成研发团队内互动、团队与任务互动、研发团队间互动等相互关联的有机子系统，从而对问题进行细致描述与深入分析。本书的研究为合作联盟的创新团队管理者从团队与任务本身出发，识别合作创新过程的管理内容，提高过程管理意识提供一定的理论指导。

1.3　本书研究框架

1.3.1　研究意义

合作创新组织以研发团队间的连接为基本组织形式，以新产品开发为创新目标，而创新主体知识的异质性以及创新互动行为的多样性对知识联盟的知识资源与创新过程管理提出了新的挑战。本书对研发团队合作创新过程及相关互动行为的研究具有以下理论和实践意义。

1. 组织间学习理论的完善

各组织研发团队之间的知识共享和相互学习是合作创新过程的一项必要内容，现有文献对组织间学习理论的研究多是基于学习型组织、知识管理理论的基础上的。本书基于知识增长的生态学思想，在合作学习方面提出了新的概念并构建了数理研究模型，使组织间学习问题的定量研究的思维方法更加丰富。

2. 合作创新研究范围的补充

合作创新理论的研究在我国尚不成熟，多数理论还是处于对国外理论的引用分析上，主要文献多是从产业经济学角度研究供应链各企业合作创新的动机、模式、风险规避等问题，对于从团队层面视角进行研究，分析合作创新组织的创新过程与机理方面的文献较少。本书对于合作创新问题的研究涉及知识生态学、系统论等学科理论和方法，对跨组织研发团队间的知识位势、信任与知识共享行为等进行了深入研究，结合案例分析，有利于加深对合作创新理论的进一步认识。

3. 提高合作创新的过程管理意识

知识团队是创新型任务的基本执行单元，来自不同组织的研发团队及其成员间良好的沟通、知识互动才能使合作创新目标顺利完成，创造较理想的合作绩效。本研究提出的团队—任务互动的合作创新系统理论框架，从任务互动与团队执行层面揭示了合作创新过程中团队知识位势、团队投入决策、团队间合作行为的发展机理，帮助组织管理者从团队与任务本身出发，识别合作创新过程的管理内容，提高过程管理意识。

4. 研究方法上的创新

利用系统论的思想对研发团队间的合作创新过程进行研究，将缺乏具体可衡量的定性因素纳入系统动力学框架模型，使其可定量化和动态化，丰富了合作创新过程的研究方法和思路，分析结论可为管理合作创新过程提供理论依据。

5. 有助于指导团队间合作创新管理

技术研发人员和研发团队是企业最重要的知识资产，知识学习和技术创造能力是其必须具备的重要特质。经历过多项合作研发经历的人员与团队是企业将外部新知识进行内部化扩散和吸收的重要知识源，所以必须重视己方和合作团队知识资源的互补与过程管理问题，本书的研究成果可对研发团队的合作创新管理提供理论依据和指导。

1.3.2　研究目的

本书针对跨组织合作创新过程中知识团队间的关系与管理问题，提出了团队—任务互动的合作创新系统这一研究命题，用数理建模与博弈分析、仿真分析、系统动力学分析等方法，研究了合作创新过程中的知识学习行为、合作创新投入决策、任务冲突与管理、团队间信任与共享等问题，以提高合作创新的绩效，旨在从以下几个方面有所突破。

（1）创新团队的知识位势决定了其创新能力以及在合作中的知识地位，这与其曾经的合作经历、任务特征等是有关系的，因此以知识位势维、任务空间维、时间演进维等作为研究视角，从团队层面分析知识联盟的合作创新过程及其机理。

（2）通过数理分析，研究知识团队的学习行为，同时考虑任务互动效应对知识团队及其合作伙伴知识位势的演变产生的影响，为团队合作学习的管理提供理论指导。

（3）研究团队知识资源管理及其特征、活动等，将表征研发团队知识资源结构与存量的团队知识位势作为一个重要的研究变量，通过建立数理模型以及博弈分析，研究非均势知识位势与均势知识位势情境下，合作创新主体创新投入的差异与影响因素的作用，为团队合作创新的管理提供理论指导。

（4）运用演化博弈理论描述与分析团队间任务冲突的协调管理问题，为选择团队合作创新过程中对任务冲突的管理决策方式，保证合作过程的顺利与成功提供理论指导。

（5）构建团队—任务互动的合作创新系统的结构框架，分析在不同情况下系统的运行状态，为合作创新系统的管理提供理论依据和指导。

本书的研究成果可以为知识联盟在合作创新过程中对知识团队采用合适的管理方式提供一定的理论指导，如帮助任务型创新团队的管理者更好地认识与理解知识资源与合作学习方式对团队发展的重要性，认识任务冲突的管理以及适当的决策对提高知识创新绩效的重要性等。

1.3.3　研究内容

本书运用运筹学、知识管理、系统动力学等学科的相关理论，研究了研发团队间的合作学习与合作创新问题。

贯穿本书的主要思想是：针对组织间合作创新环境下研发团队的创新管理问题，基于系统论的研究思维，将团队—任务互动的合作创新系统划分成研发团队内互动、团队与任务互动、研发团队间互动等相互关联的有机子系统，通过建立微分动力学模型、非线性规划模型、系统动力学模型等，对问题进行理论描述与深入分析。

主要研究内容如下。

（1）第1章分析组织研发团队间合作创新问题的研究意义、国内外相关问题的研究现状，说明研究目的、研究内容、采用的研究方法及本书的创新点。

（2）第2章阐述了知识与团队知识的含义与分类，对知识位势概念进行梳理与进一步细致描述，以知识位势维、任务空间维和时间演进维构成研发团队知识创新的研究视角。对研发团队合作创新过程进行了理论分析，认为其包含成员—团队互动创新过程、团队—任务互动创新过程和研发团队间互动创新过程。从时间演进的动态视角看，研发团队是任务驱动且需要与任务匹配的知识创新团队，从研发团队周边环境、研发团队属性、研发团队间关系等3个方面对研发团队互动创新过程的影响因素进行了分析。

（3）第3章对研发团队间合作学习行为类型进行了界定与内涵分析，将两个研发团队组建的创新联盟视为一个知识系统，通过构建微分动力学模型，分析了考虑任务互动效应下研发团队的不同学习行为对创新主体知识位势的影响规律。对团队间合作学习与知识转移管理的相关问题进行了探讨，合理选择不同的知识转移媒介，并为促进知识转移而进行合理组织与管理，有助于保证研发团队合作学习的效果。

（4）第4章对研发团队知识管理的内涵及其特征进行了分析，提出研发团队应该参与的各项知识管理活动。将表征研发团队知识资源结构与存量的团队知识位势作为一个重要的研究变量，构建研发团队间合作创新的绩效模型，从而分析非均势知识位势与均势知识位势情境下，合作创新主体创新投入的差异与影响因素在其中的作用，提出了支持研发团队创新的知识管理实践机制。

（5）第5章对研发团队合作创新过程中的冲突及其管理问题进行了研究。介绍了团队冲突的类型，从团队成员个体特征、研发团队所处环境等方面对引发团队冲突的因素进行了简述。从时间演进的角度，对团队合作创新过程中合作双方任务冲突管理行为的演化机理进行了分析，研究了团队间发生任务冲突时，创新收益、冲突处理成本、成功率等因素对协调管理方式选择的影响。分析了团队沟通有效性的影响要素，提出了几种可采取的团队沟通形式。以吉利与沃尔沃的联合开发为例，对合作组织的文化冲突及其管理进行了分析。

（6）第 6 章对跨组织研发团队的知识学习与创新过程进行系统化分析，将团队—任务互动合作创新系统视为由系统输入、团队—任务互动过程和系统输出组成的动态创新系统，建立了合作创新联盟系统各子模块的因果关系图和子模块的流量图。通过对模型进行仿真分析，探析与诠释团队合作创新过程中某些特征要素在知识学习和知识创新过程中的作用，发现创新过程中影响团队间学习效用的规律，为有效提高团队间合作创新的绩效提供理论依据。

最后，以 HG 公司的研发团队为例，对参与合作创新任务方面的管理实践做了梳理与分析。并对全书进行总结，给出研究结论。

根据以上所述研究目的和研究内容，本书研究的技术路线如图 1.1 所示。

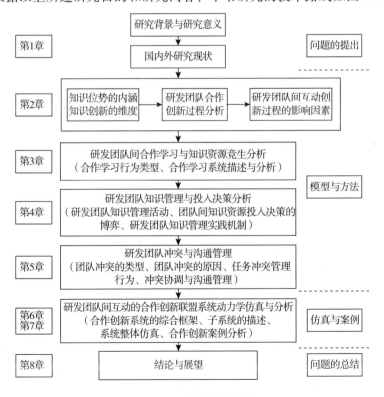

图 1.1　研究的技术路线

1.3.4 研究方法

本书采用的研究方法如下。

1. 文献分析

通过文献检索和阅读分析，了解国内外有关知识学习、合作创新的最新理论研究成果，厘清合作创新理论相关的模型与管理思想，以此为基础，形成本书的研究主题和思路，为下一步的理论研究提供基本研究架构。

2. 数理建模与博弈分析

应用合作博弈理论与方法，以团队及团队间的关系为着眼点，以知识区位理论为基础，基于知识生产函数构建合作创新投入决策博弈模型，分析任务型创新团队知识投入的差异与影响规律，以研究不同资源和优势的团队间互动合作机理。利用演化博弈理论与方法，研究团队间任务冲突管理行为的策略选择的演化规律与相应的管理策略。

3. 数理分析与仿真分析相结合

采用微分动力学原理和博弈模型对团队间互动的知识学习行为和合作创新过程进行研究，并利用 Matlab 软件编程对各创新主体的资源投入行为进行数理仿真分析，在此基础上进一步揭示与分析创新主体间的关系和系统的演化规律。

4. 系统动力学建模与分析方法

运用系统动力学对团队—任务互动的合作创新系统进行建模与仿真分析，使定性研究和定量研究、理论研究和企业实践案例研究相结合，既能深入理解复杂合作创新系统，又可探明某些特征要素在整体框架下的联系，并对不同参数变化所蕴含的理论和实践意义进行研究和阐释。

1.3.5 主要创新之处

（1）对研发团队知识位势的内涵进行了梳理与深入描述，构造了包含知识位势维、任务空间维、时间演进维的研发团队知识创新的概念模型，对研发团队知识创新过程进行了解析，提出了基于知识位势的研发团队知识创新模式的研究思维。

（2）针对研发团队间相互知识学习过程的生态系统特征，提出了互补合作性学习行为、捕食性学习行为的概念，对任务互动影响下不同学习行为对创新团队知识位势的演化机理进行了理论剖析。分析了不同知识位势情境下，合作创新主体创新投入决策的差异以及关键要素对其的影响。

（3）基于系统论的思想，认为团队—任务互动合作创新联盟是一种复杂信息反馈系统，将其视为由系统输入、团队—任务互动过程和系统输出组成的动态创新系统，并且提出团队—任务互动过程是由研发团队内互动、团队与任务互动、研发团队间互动过程构成的理论研究框架。运用系统动力学理论与方法，分析关键变量在系统运行中对合作创新系统知识位势发展的作用机理，为研发团队的合作创新管理实践提供理论指导。

第2章 研发团队合作创新过程：
一个三维视角的解析

在知识经济时代，企业生存的根本是能够适时地推出具有一定竞争力的新产品，而研发团队则是企业进行新产品或者新技术研发的基本执行单位。[3]针对各种创新任务的复杂知识需求[130]，组建具有特定知识结构的研发团队，以与独特的技术创新或者产品创新任务相匹配，是企业进行创新管理的重点。研发团队由知识工作者构成，以任务执行与攻关、促进知识创造与知识利用为目的，团队成员相对固定，是企业研发知识社会化的一种组织形式。在任务执行过程中，知识和技能作为研发团队的关键资源，通过团队成员间的工作接触与知识互动而得以扩散，而且，新知识也在团队执行各种任务的过程中产生。这既有益于当前任务的解决，也有益于提高团队整体的知识视野，提高团队共同知识的存量，当创新任务的范围和内容发生变化时，团队也有能力进行范围更广的知识互动与创新工作。

2.1 团队知识与知识位势

2.1.1 知识与团队知识

1. 显性知识及其特征

迈克尔·波兰尼（Michael Polanyi）的名著《个人知识》和《隐性方面》是西方学术界最早对显性知识和隐性知识进行较为系统的探讨和分析的著作。波兰尼1958年从哲学领域提出，知识分为可表达的知识和隐性知识。[10]通常被描述为知识的，即以书面文字、图表和数学公式加以表述的，只是知识的一种类型，即可表达的知识；而未被表述的知识，是我们在做某事的行动中所拥有的知识，是另一种知识，即隐性知识。这种分类在后来的组织学习以及知识管理中被广泛采用，但人们常常用显性知识代替可表达的知识。

依波兰尼的表述，显性知识是人类能够以一定符号系统（最典型的是语言，也包括数学公式、各类图表、盲文、手势语、旗语等诸种符号形式）加以完整表述的知识。

团队显性知识通常表现为团队的工作手册、技术文件、技术资料数据库、专利文献资料、研发过程管理资料，等等。

团队显性知识的特征有如下几点。

（1）客观存在性。团队拥有的显性知识通过言传、身教或附于某种介质上的编码等方式表现出来，它不依赖于团队的属性而客观存在。团队的显性知识也不随着团队成员的变动而消失，是客观固化的知识。

（2）静态存在性。团队显性知识一般不随时间或团队环境的变化而变化，一旦表达出来就不再变化，是属于"彼时彼地"的知识。

（3）可共享性。团队显性知识可以通过报告、会议、手册等形式被快速传播并共享，具有发展成为公共物品的可能，而隐性知识不具有这个能力。因此，团队要实现知识的传播和共享，将隐性知识转化为显性知识是一条可选择的途径。

2. 隐性知识及其特征

与显性知识相对，隐性知识是指我们知道但难以言述的知识。由于隐性知识深深扎根于实践和特定的情景而难以表述，只有采用面对面的交流方式，以及基于经验和身体行为在相应的情景下通过的实践经验才能获得。

彼得·德鲁克（P. F. Durcker）从管理学的角度认为："隐性知识，如某种技能，是不可用语言来解释的，它只能被演示证明它是存在的，学习这种技能的唯一方法是领悟和练习。"他还认为，隐性知识是源于经验和技能的。

从可编码程度对隐性知识可划分为三类，包括可编码的隐性知识、不易编码的隐性知识和（在一定时期不具备条件）不能编码的隐性知识。由于企业隐性知识具有难以测量性和内隐性，一般而言，可编码化或显性化的隐性知识仅占小部分，大部分不易编码或不能编码。

汪应洛教授认为，显性知识和隐性知识的分类方法没有揭示出其两者的边界，基于两种不同的知识转移方式，隐性知识可以进一步划分为真隐性知识与伪隐性知识。[131] 在波普尔提出的知识分为有意识的知识（conscious knowledge）和无意识的知识（unconscious knowledge）基础上，汪教授认为，无法以某种语言进行调制完成转移的无意识的知识属于真隐性知识，真隐性知识只能通过联结学习的方式实现有限度的转移。有些知识可以用自然语言或其他通用的符号语言进行调制完成转移，但如果语言发展得不完善，调制效率或信息传递效率较低，往往采用联结学习的方式获得这类知识，这种知识属于伪隐性知识。

研发团队内的成员在共同的工作过程中，通过相互间的特定交流方式，形成的许多并非完整的表达体系，是研发团队内部知识转移中的重要语言，由于这种语言是在实践过程中发展出来的，并不为外界所知，是一种隐性知识。当某成员离开研发团队时，其特有的表达不能为新团队的其他人所共有，这时许多在原团队中的显性知识就转变成伪隐性知识。而当新成员进入研发团队时，也往往由于不具备研发团队内部语言的知识，在初期较难进行有效的工作交流，只有经过一定时间的语言学习，才能将团队的某种隐性知识转化为可以在工作中自由运用的显性知识。

从企业不同层次知识主体和知识互动主体的角度，可把隐性知识划分为个体隐性知识、团队隐性知识和组织隐性知识三个层次。

其中，团队隐性知识既包含团队拥有的隐性知识，也包含团队成员个人拥有的隐性知识。团队成员个人拥有的隐性知识是指存在于成员个体中复杂的、隐含的、高度个性化的、难以书面化的主观知识、工作技能、诀窍，同时还包括成员个体的思想和价值观。团队拥有的隐性知识是指团队成员通过密切互动和直接面对面的沟通，在模仿、感悟和领会中，形成彼此能够会意却不易言传的隐性知识，主要表现为团队所掌握的技术诀窍、感悟、操作过程以及团队的默契、团队氛围、团队协同等。团队拥有的隐性知识不能脱离团队成员个人的隐性知识而存在，但又非成员个人隐性知识的简单叠加，而是在对成员和团队外部的各种知识有效集成基础上形成的。

对隐性知识正确分类，有助于组织管理者加深对隐性知识特性的理解和把握；对隐性知识的识别、转化等管理采取相应的策略和方法，是隐性知识管理的基础之一。如上所述，可知团队隐性知识的特征有以下几点。

（1）实践性。团队隐性知识一般在特定环境中经过长期实践积累而形成，而且必须通过亲自体验、实践和领悟等才有可能获得，并通过"学中干，干中学"等方式实现扩散与传播。

（2）情境依赖性。团队隐性知识产生于或者适用于特定的任务场景中，即团队隐性知识具有情境特征，它依赖于知识拥有者的任务执行经历、具体工作行为和洞察力，深植于工作行动与经验之中。

（3）难以测量性。团队隐性知识是产生或者储藏在人的头脑中的经验、灵感、技巧和诀窍等知识，是团队创造能力的动力源泉，但难以用语言、文字等直接进行表述或编码，因而对团队及其成员的隐性知识进行测量比较困难和复杂。虽然现有一些方法可以对团队知识分布进行度量，但测量技术与方法仅处于初级阶段，团队知识测量也局限在团队心理模型领域。

（4）动态增长性。团队在面对知识创新任务时，不仅在团队内部进行知识交流和知识转移以获取必需的知识资源，还会从团队外部获取所需的知识，因此具有正增长特性。由于隐性知识存在于团队成员的头脑中，不能明确地观察到，而且一旦任务完成，项目成员就会为由于开发新的项目而离开，使得团队的某类知识在人员结构变动过程中呈现负增长特性。

（5）增值特征。"冰山理论"认为，露出海面的只有约20%的部分为团队成员的显性知识，而另外80%沉入海水中的不可见部分为团队成员的隐性知识。团队隐性知识包含着工作诀窍、经验、观点及价值体系等知识秘籍，同时也隐含着更多的创新思想。对蕴藏在团队内的隐性知识进行有效管理与挖掘，可促进研发任务的成功，使隐性知识产生更多价值。

（6）互补特征。团队内成员具有某领域的共同知识、共同认可的工作惯例，同时，团队成员也具有他人可能不了解的个性知识，并在能力、年龄、气质等方面具有互补性，这种特性使团队在共同目标的驱使下发挥出极大的作用。

3. 显性知识与隐性知识的 SECI 螺旋转化

日本的知识管理专家 Nonaka 等人将隐性知识和显性知识的转化分为社会化（Socialization）、外在化（Externalization）、综合化（Combination）、内部化（Internalization）等四种基本模式，并指出组织知识创新是这四种模式之间相互转换的一个螺旋上升过程。

（1）社会化是指不同主体之间通过共享经验，完成隐性知识到隐性知识的转换，实现隐性知识传播的过程。比如徒弟凭模仿和经验习得手艺，实现隐性知识从师傅到徒弟这两个不同主体之间的转移和传递，形成共有思维模式和技能的过程。

（2）外在化是指将部分隐性知识表达出来成为显性知识的过程，即将非编码的知识编码化。这一过程中，主体将自己的经验、灵感、技能等进行归纳整合，使其转化为可用语言和文字表达的显性知识。比如富有研发经验的员工将他们的经验、感悟、诀窍用语言表述出来或者整理成文档资料、经验手册等，让其他新员工参考和学习。这是一个将感性知识升华为理性知识的过程，而隐性知识外在化这项工作在知识管理中是难度最大的，也最具有实践意义。

（3）综合化是指将分散的显性知识组合形成系统的显性知识体系的过程。将零碎的显性知识进行整合并用规范的语言表达出来，个人知识就转化为组织知识，为员工进行更多的新知识共享和利用提供了便利。研发团队采用统一的格式将过程资料集结成册、进行标准化的文档管理等，即是显性知识综合化的一种表现。

（4）内部化是指把显性知识转变为隐性知识，转化成个人与组织的实际能力的过程。知识员工通过对技术、标准、流程等的学习和领悟，并结合自己的工作经历，将显性知识内化为个人的隐性知识，有效增加个人的工作经验，提升洞察力和技术诀窍。内部化过程是更多新知识循环产生的起点，为员工在现有的知识和能力基础上，结合特定的工作内容创造出更多的隐性知识提供条件。

2.1.2　知识位势的内涵

从某一个特定的专业技术领域看，不同的研发团队所拥有知识的质与量是不同的，而知识位势（Knowledge Potential，KP）即可表示研发团队的知识结构与存量。可从知识广度和知识深度[132,133]构成的二维空间来定义知识位势。

知识广度（Knowledge Width，KW），表示研发团队知识面的多样化程度。可用公式 $KW_{ij} = \int \omega_{ij}^{\xi}(t) M_{ij}^{\varphi_M}(t) E_{ij}^{\varphi_E}(t) K_{W_{ij}}(t) \mathrm{d}t$ 描述，其中，ω_{ij} 为团队 i 在拓宽知识广度上的投入，M_{ij} 为团队 i 自身在拓宽知识广度上的努力程度，E_{ij} 为合作团队对团队 i 在拓宽知识广度上的影响程度，$K_{W_{ij}}$ 为前期积累的知识广度，ξ、φ_M、φ_E 为常数。团队知识广度的拓宽会受到个体及团队认知局限性[134]以及组织结构[135]等的影响。知识的多样化有助于创新过程中新概念与新思想的产生。[136]

知识深度（Knowledge Depth，KD），表示研发团队在某一专业知识面中知识量的相对量，与团队的知识专业化程度以及完成专业化任务的经验积累有关，可用公式 $KD_{ij} = \int \varepsilon_{ij}^{\xi}(t) N_{ij}^{\varphi_N}(t) F_{ij}^{\varphi_F}(t) K_{D_{ij}}(t) \mathrm{d}t$ 描述，其中，ε_{ij} 为团队 i 在延展知识深度上的投入，N_{ij} 为团队 i 自身在拓宽知识深度上的努力程度，F_{ij} 为合作团队对团队 i 在拓宽知识深度上的影响程度，$K_{D_{ij}}$ 为前期积累的知识深度。知识深度的拓延有利于降低创新过程中的知识转移成本。[134]

研发团队 i 在某领域 j 的知识位势 KP_{ij}，可表示为 $KP_{ij} = f(KW_{ij}, KD_{ij})$，是该领域中知识广度（$KW_{ij}$）和知识深度（$KD_{ij}$）的函数。某一研发团队所拥有的是与其核心能力有关的各方面领域的知识，而其每一个领域的知识又具有在相应知识区位中的相对知识位势，即研发团队拥有不同领域的不同知识位势。基于不同领域知识 j 对团队技术创新的贡献程度，依不同的权重系数 σ_j 来区分，那么研发团队 i 的知识位势，可由 $KP_i = \sum_{j=1}^{m} \sigma_j KP_{ij} = \sigma_1 KP_{i1} + \sigma_2 KP_{i2} + \cdots + \sigma_m KP_{im}$ 表示。从知识区位理论角度看[137]，团队知识创新过程是团队成员间知识位势相互影响、相互提升的过程，从而使团队的任务执行能力与知识创新绩效得以持续。

2.1.3 团队知识创新的三维视角

企业尤其是高新技术企业的研发活动是一种探索性、创造性的工作，具有相当不确定性和高风险性的特征。而以研发团队为组织单元的企业研发活动又是一项专业性非常强的知识创新活动，研发团队的知识创新很大程度上取决于研发人员的知识和以往的研发工作经验。

研发团队知识创新维度可以从知识位势维、任务空间维、时间演进维三个维度进行界定与分析，如图 2.1 所示。

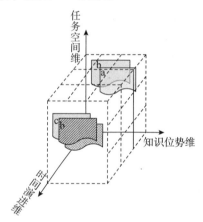

图 2.1　研发团队知识创新的维度

1. 知识位势维

团队成员间的知识位势差是团队内知识转移的前提，研发团队执行任务的过程，同时也是知识创新即知识位势提升的过程。首先，团队具有相近的知识广度[138]和其各异且互补性的知识深度[137]，是团队成员开展合作学习与知识创新的客观基础；其次，团队知识的吸收与创造具有选择性，即团队的知识深度在原有基础上进一步拓延，团队增加的知识广度与其原有专业领域相关；最后，知识位势的高低是一个相对的概念，团队在某一专业领域上处于高位势，可能在另一领域处于低位势，将执行的各种任务为团队提供了知识创新的平台，可以在更高的知识位势基础上发挥创造性学习的优势。

2. 任务空间维

各种任务是研发团队进行知识利用和知识创造的最好场所，它可以为成员提供密切协作环境，这种环境是隐性知识转化的有利条件。一方面，不同的任务在不同的时间内顺序到达，或者在同一时间内到达多项任务，任务的互动关系在一定程度上影响着团队的工作质量，影响着团队知识创新的效果。另一方面，任务难度、先前任务执行过程中团队的协作能力等皆决定任务团队的成员构成与变化，这种变化直接影响团队的知识广度与知识深度的构成，决定了团队知识创新的绩效。重视团队在知行两方面的学习，能够提高团队从实践经验中学习的水平。[139]

3. 时间演进维

研发团队的知识结构在团队执行多种类型任务的过程中不断完善，某一专业知识面的知识深度随着团队执行不同复杂程度的任务的过程而持续增加，研发团队的知识位势处于不断增长的态势。知识老化效应、团队成员的流失而引发的知识溢出效应，使得团队的知识位势又存在不断降低的可能。从长期来看，合格的研发团队中新成员的引进、经验与知识的叠加以及团队成员持续性的新知识创造，可以积累更多的新知识，表现出团队知识位势随着时间而演进的特征。

2.2　研发团队合作创新过程分析

从知识位势维度视角，可以了解团队的知识广度和知识深度是如何伴随着研发任务的执行而发生演变的，以此可以探究团队合作创新的过程。研发团队合作创新的过程包括成员—团队互动创新过程、团队—任务互动创新过程和研发团队间互动创新过程。

2.2.1　成员—团队互动创新过程

成员—团队互动创新过程，即团队内部成员间的互动创新过程。研发团队的成员由各种专业、技能人员组成，这决定了其内部一定存在着大量成员互动，包括上级组织与团队主管的互动、团队主管与一般成员的互动、团队成员的互动，等等。团队成员的互动关系来自团队成员对执行任务所需技能的共同探讨，对面临的决策的集体选择，即知识互依性。另一方面，团队成员的互依性体现在任务执行过程的相互依赖：任务较简单，人们之间的协作关系则较弱，不易形成促进隐性知识共享的工作环境；任务与任务之间的依赖关系越复杂，越需要成员之间互动与密切协作。

源于实践经验的隐性知识，如发现问题解决问题的能力、掌握技术秘密的经验和判断力、决策时的前瞻力等，是团队内部知识成员知识创新的关键。基于学者的研究基础[140,141]，可将个体类的隐性知识分为技能类隐性知识、认知类隐性知识和决策类隐性知识。

技能类隐性知识包括那些非正式的、难以表达的技能、技巧、经验和诀窍等，对于这类知识的转化和创新可采用现场培训法。研发团队成员借助于语言、体态、情感等与团队内其他成员面对面地沟通、交流，手把手地传授，在类似的任务场景中通过多次合作，使其社会化，转变为其他成员的隐性知识，再逐步实现隐性知识的显性化，如图2.2（a）所示。

认知类隐性知识包括洞察力、直觉、感悟、价值观、心智模式等，尽管它们不容易明确表述，但是这类隐性知识对于人们认识世界有巨大的影响。对这类知识转移途径的探索，首先需要知识渴求者能够感知到这种知识行为，并且对这种知识行为有一定的认同，然后通过积极的交流，使用语言、文字等符号使其蕴含的隐性知识能够总结、表达出来，易于学习者领会以及在任务处理过程中学习、适应、检验，在实践过程中深入理解，转化为团队及其他个体的隐性知识，如图2.2（b）所示。

"解决问题的方法"即研发人员在分析问题、解决问题、决策处理过程中所表现出来的判断力、洞察力以及解决问题的策略、方法论等，是决策类隐性知识。决策类隐性知识主要存在于问题解决过程中，需要对他人解决问题的过程进行主动的分析，以了解他人所解决的问题的特征、目标、障碍条件，了解他人的策略选择及实施原因与过程，同时结合知识渴求者自身的知识、经验进行理解，运用语言、文字等符号使其中蕴含的隐性知识能够明白表达，最后使团队成员个体在实践中领悟，如图 2.2（c）所示。任务执行过程中，团队内部知识成员围绕着解决任务的各种问题进行讨论和思考，对个人及团队隐性知识的转化、知识转移和知识创新都有积极的作用。

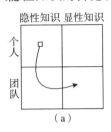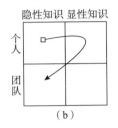

图 2.2　成员—团队互动促进知识转化与创新

（a）技能类知识；（b）认知类知识；（c）决策类知识

团队新成员（具有异质性知识广度，或者更长的知识深度）和团队内原有知识经过互动，可以直接增加团队的知识广度和知识深度。

成员—团队互动知识创新过程是隐性知识显性化的过程，是个体知识转化为团队知识的过程。围绕着任务及各类知识进行的思考、实践检验，可提升团队成员对知识的理解、转化，为执行其他任务进行新知识的利用与创造提供条件。

2.2.2　团队—任务互动创新过程

1. 团队—任务互动过程与知识创新增长

基于团队自身的知识位势特征，研发团队选择利用具有一定知识深度的、与任务需求相匹配的专业知识成员[142]，在执行任务的过程中，研发团队的知识、能力逐步与任务及创新环境相匹配，进而取得某一专业知识层面的知识创新，并最终有效完成任务的目标，即是团队—任务互动的知识创新过程。行为交互理论中，"人与环境匹配"的概念通常用来研究人与组织、人与工作特征吻合时的适应性，[143] 而研发团队在执行任务时，也同样面临团队的知识、能力能否与任务相适应的问题，这里可将"团队与任务互动"的类型分为以下两种：团队与任务相似性互动，即团队的知识位势、能力与任务的工作要求基本一致；团队与任务互补性互动，即团队的知识位势、能力增加的需求通过执行任务而得到提升，任务的目标通过团队的知识、能力的运用得以实现。

团队与任务相似性互动时，由于团队的知识位势特征基本能够适应任务的要求，团队成员依据过去类似任务的经验就可以按部就班地完成任务的目标。团队知识广度越宽，越有优势进行知识选择、知识整合和知识利用。但是，由于团队认知能力和专业领域的限制，知识创新付出的成本越高，创新的动力越小，即团队知识广度的拓宽与团队知识创新增长呈负相关关系，如图2.3（a）所示。团队在某一专业层面或者多个专业层面的知识存量能够满足任务的需要时，团队成员缺乏深入学习专业知识的客观需求，因此，团队知识深度的拓延与团队知识创新增长呈负相关关系，如图2.3（b）所示。

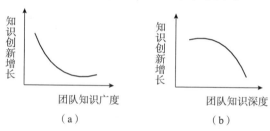

图2.3 团队—任务相似性互动时，知识创新增长的演进

（a）知识创新增长与团队知识广度的关系；（b）知识创新增长与团队知识深度的关系

团队与任务互补性互动时，团队成员的知识广度不能完全符合执行任务的需要，在一定范围内，知识广度越宽，团队成员的知识创新能力与知识创新的动力越强，即知识创新增长与团队知识广度是正相关关系；但当团队有着较完善的知识结构体系时，虽然现有的知识结构不能完全应对任务的需求，但是由于团队的认知局限和团队的专业领域的拘囿，团队的知识创新动力并不会增强，如图2.4（a）所示。同理，团队成员的知识存量不能完全符合任务的需要时，在一定范围内，知识深度越长，团队成员的知识创新能力与知识创新的动力越强；但是随着知识深度的增加，知识创新的成本越高，团队的知识创新动力就越低，随着团队知识深度的进一步增加，其创新动力就越不足，即团队知识创新增长与团队知识深度演变成负相关关系，如图2.4（b）所示。此时，团队可能会采取吸收新成员的方法来满足提升团队知识深度的需要。

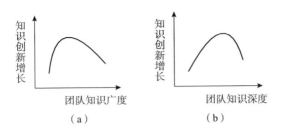

图 2.4 团队—任务互补性互动时，知识创新增长的演进

（a）知识创新增长与团队知识广度的关系；（b）知识创新增长与团队知识深度的关系

各种复杂的、具有挑战性的任务是团队知识位势增长的实践平台。团队—任务互动创新过程是研发团队知识广度拓宽的过程，是其知识深度进一步增加的过程。团队的知识、能力能够满足组织驱动的任务的需求，是团队知识创新能力增长的有效支持。

2. 基于知识位势的研发团队知识创新模式

研发团队的知识创新是面向复杂的、需求经常发生变化的任务的一种连续的、互动的创新过程。这种互动性的创新包含成员—团队互动过程中，成员与成员间、成员与团队间的隐性知识显性化的过程，也包含团队—任务互动过程中，任务团队在面临解决任务的需求时发生的知识学习、知识创新的过程。基于知识位势的研发团队知识创新模式可用图 2.5 来描述。

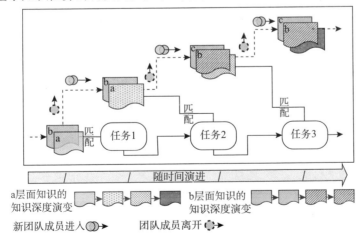

图 2.5 基于知识位势的研发团队知识创新模式

3. 团队—任务互动创新特征

从静态的视角看，在某一时刻，组织中有已经成功完成的任务，也有待分派与执行的任务，同时，各个层面知识和其知识深度构成了某一研发团队的知识位势的状态特征。

从时间演进的动态视角进行分析，具体有如下几点。

（1）研发团队是任务驱动且与任务匹配的、开放式的知识创新团队。团队成员各有所长，知识与能力的互补性形成了具有协同效应的团队知识结构，形成了异质性知识资源对复杂任务要求的匹配。[144]如研发团队在面临任务1时，会根据任务1的技术、能力需求特征，加入新的异质性的团队成员以及辞去与任务知识需求不匹配的成员，以使团队的知识位势能够适应任务的进展。即团队的特定知识广度和知识深度的二维知识位势结构决定着团队解决复杂知识问题的核心能力。

（2）各种串行、并行的任务序列为研发团队提供了知识创新的场景，为知识员工提供了知识共享、知识利用和知识创新的动态实践环境。由于隐性知识是在一定的知识和经验基础上感悟而获得的，这种知识不能离开具备它的人，同时也具有很强的情境依赖性，是此时此地的知识。[145]在面向任务的知识创新平台上，通过成员间的互动或者成员与其所处环境间的互动而创造出新的知识。

（3）团队的知识位势在任务解决后会有一定提升。如具有一定知识位势（假设知识广度为2，知识深度能够测量）的研发团队在面临任务2时，通过对任务目标进行逐层分解，明晰解决任务时需要的知识、技能，从而可以根据团队成员的知识结构与能力特征进行人—岗匹配，在成员—团队互动过程和团队—任务互动过程中，任务2得以完成，团队的知识深度在一定程度上得以增长。

4. 团队—任务互动创新过程的管理

人、技术和组织环境是知识创新管理的重要内容，为促进研发团队知识创新的持续性，可从人的管理和团队创新环境的管理等方面培育与构建良好的团队创新氛围。

（1）支持团队—任务互补性互动的任务执行方式。团队—任务互补性互动方式，可使研发团队经历各种创新实践的场景，有益于逐步拓宽知识广度，增加知识深度。而在团队—任务互补性互动中要做到团队与任务间较密切有效的匹配。一方面，要重视异质性知识成员及其知识的扩散与转移。团队成员知识结构异质、技能互补的特征，为成员改变已有视角、孕育可能的创新提供了契机，团队领导人需要鼓励成员，重视具有原创性的思想，为激发团队成员可能的创新研究创造条件。另一方面，要建立激励团队成员持续创新的薪酬模式。应以关注团队整体创新绩效为主，关注成员个人业绩为辅的原则，激励团队中的每个成员全力合作，取得尽可能高的协同绩效；同时，也需关注团队及个人在创新过程中的知识、能力的提高程度来进行奖励。

（2）研发团队需要对关键任务、关键成员的知识创新过程进行集成管理。这包括两方面的含义：一是对与关键任务相关的处理过程进行管理，即对关键任务的解决思路、解决方案设计、解决方式等进行系统的记录与沉淀整理，以使团队的创新知识得到积累与传承；二是对关键团队成员的隐性知识特征进行显性化的描述，即记录关键团队成员在处理复杂性任务时的思维逻辑和知识行为。这种集成管理方式使得团队的关键知识不随团队成员的变动而发生流失，利于团队知识广度的拓宽和知识深度的增长，为团队创新知识的传承创造条件。

（3）在团队—任务互动创新过程中进行团队反思。团队反思是一种团队管理风格，在高水平团队反思的环境中，研发团队内部的各种原创性的思想都会得到充分的考虑和合理的处置，而团队成员的思想也会更具有发散性与原创性。团队反思能力的形成是在知识获取、知识转移、知识创造和知识应用的循环往复的过程中形成的，是在理论研究与工程实践循环往复的过程中形成的。合理的团队冲突和有效的冲突管理，安全、信任的团队环境，制订较为详细的工作计划并经常评估、纠正计划的执行结果等，都有助于培养研发团队的团队反思能力。

2.2.3　研发团队间互动创新过程

两个研发团队形成合作关系的过程，即运用现有的知识或者探索与创造新知识的过程。[146]知识创造是创造新知识的过程，而知识创新则是将所创造的新知识应用于实践并开发出新产品的过程。知识创新的过程包含了知识创造。[147]研发团队间互动创新过程主要包括团队—任务互动过程和研发团队之间的互动过程，如图 2.6 所示。即为了解决技术创新和产品创新任务的需要，研发团队之间通过密切合作，进行资源优势互补，从而实现知识创造和知识利用。

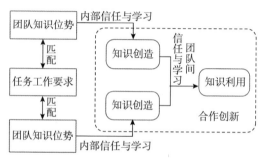

图 2.6　研发团队间互动创新过程

首先，在研发团队间的这种互动创新过程中，团队与任务互动的重要内容是团队基于其知识优势进行相关的知识创造。Nonaka 提出了"Ba"的概念，认为新知识生成和知识利用离不开特定的背景环境。[20]在面向任务的微观知识联盟中，一方面，任务执行为特定知识集成和创造提供了系统环境，各种串行或者并行的子任务序列，为内隐知识和外显知识的 SECI 螺旋交互与转化提供了空间。同时，研发团队围绕着任务将非系统化的知识转化成可以解决某一问题的有针对性的、系统化的知识，逐渐形成新的知识基因，实现知识在"Ba"中的螺旋转化，最终，任务团队所具有的知识深度和知识广度[148]与任务需求相配。可见，任务的执行过程，是团队知识存量增长的过程，是知识存量与任务工作要求逐步相匹配的过程，关乎合作创新绩效与其实现程度。

其次，研发团队之间互动的重要内容是团队间开展必要的知识获取、知识学习活动，主要任务是进行知识利用，研发出新技术或者新产品。团队内部知识和外部知识共同构成了知识获取的来源，为解决复杂创新任务提供了知识源。团队学习能力是使团队保持良好生存和健康发展的能力，其包括发现、发明、选择、执行、推广、反思、获取知识、输出知识、建立知识库等9 种分能力。[149]团队的学习能力成为影响创新绩效的基础和途径。[148]合作信任是团队—团队之间互动的重要纽带，团队内的信任可以促进组织内部的知识转化和集成，培养组织的创新能力[64]，团队间的信任与知识共享利于知识的扩散与转移，可以促进联盟的探索性创新。[4]

2.3 研发团队间互动创新过程的影响因素

研发团队间互动创新过程中，成员—团队互动、团队—任务互动和研发团队间互动的过程及其效果受到合作组织内外多种因素的综合影响，下面从以下三个方面来分析研发团队间互动创新过程的影响因素。

2.3.1 与研发团队周边环境相关的影响要素

1. 任务的复杂程度

任务的复杂程度可用完成研发任务所要投入专用性资源的程度[150]表示，投入越多，复杂性越高。复杂性是知识型组织所面临任务的特征之一，组织外部环境的快速变化使得其必须面临亟待解决的复杂性任务，因不可能具备所要求的全部资源和能力，所以，需要加强组织内和组织间的知识合作，提升组织的适应能力和竞争能力。

研发团队创新的关键，是根据团队任务复杂性和问题情境，将相关领域的专业知识投入特定复杂性问题的解决过程中，通过团队成员广泛而深入的知识互动活动，形成具有特定用途的团队知识。

2. 领导及其行为

研发团队的领导对研发团队的创造力起着关键的作用。当领导具有开放性、鼓励性、支持性，对团队成员的角色和任务没有严格限制时，会促进团队创造力的提高。领导行为风格对团队的创造力也有着一定的影响。例如，变革型的领导行为倾向于提供更多机会给成员阐述和分享观点，进行更开放的沟通，有利于团队对新知识的了解与获取，有利于发展员工的创造力和内部信任；而当领导对员工进行严密监控时，不利于形成高水平信任的、良好的团队认知氛围，也将不利于团队创造力的发挥。

3. 学习与创新激励

团队的优势在于通过团队成员的密切合作和努力，产生工作上的协同效应，从而提高组织创新和完成复杂任务的工作效率。而团队成员的密切合作不仅依赖于合理的团队组织与周密的任务指派，还需要有适当的激励机制来保障。一方面，研发团队所属合作组织采用合理的学习激励方法，能更好地发挥成员学习的主动性和创造性；另一方面，有效的激励机制和适当的激励方法能够给予创新团队必要的压力，赋予富有挑战性的工作，满足其自我实现的需求。适宜的物质激励、工作激励、职业激励和文化激励等能提高团队间以及成员间知识共享的程度，使研发团队合作满意度增强，进而提升团队合作创新的绩效水平。

2.3.2 与研发团队属性相关的影响要素

1. 团队成员的知识位势

团队知识学习与创新的质与量与其知识的广度，即知识的多样性密切相关。团队知识越具有多样性，团队间知识生产过程中知识交叉的可能性就越大，而交叉性的知识往往是知识创新的源泉。如果团队在某个领域的知识具有相对的深度，则团队就倾向于在该领域的知识生产中保持较高的效率和较快的响应速度。团队及其成员获取知识的内容和多样化受其本身知识结构和存量的影响，团队之间的知识位势差异与联系可促进获取新的知识。

2. 知识吸收能力

Cohen 和 Levinthal[151]首先提出知识吸收能力概念，并把知识吸收能力界定为"企业从环境中识别、消化和开发知识的能力"。此概念认为，对外部知识的识别、获取、消化以及利用是知识吸收能力的核心。而 Zahra 和

George[152]则认为，知识吸收能力是"组织的一组惯例和流程，通过这些组织获取、消化、转化和开发利用知识以产生动态组织能力"。因此，知识吸收能力的本质是管理外部知识的技能和知识，它反映组织对外部知识吸收的潜在能力。

研究表明，组织的知识吸收能力与其创新活动呈正相关的关系，吸收能力愈大，表明组织有效集成新知识的能力愈强，有助于提升其技术创新能力，并最终体现在新产品的开发方面。由于知识特别是构成团队核心能力的知识具有内隐性，多隐藏于团队内部，存在于团队内个人的专业技能以及团队成员间的知识网络中，导致绝大部分知识是难以直接沟通的。在合作创新中，通过面对面的沟通交流、团队间的知识互动，能较好地达到知识学习、知识吸收的目的。

3. 知识集成能力

知识集成就是运用科学的方法对不同来源、不同层次、不同结构、不同内容的知识进行综合，实施再建构，使新旧知识、显性知识和隐性知识经过再消化、吸收而提升产生新的知识。团队不仅需要不断补充外来的新知识，通过创造相似的实践环境而充分地把外部的隐性知识与本团队的原有知识相融合，还要对团队自身和对方的原有知识进行充分利用，把各种相关知识都融入合作创新过程中，并对各种知识加以规划整理和重构，产生能够实现创新目标的新知识，实现各种来源知识的创造性组合。

2.3.3 与研发团队间关系相关的影响要素

1. 团队间信任

组织间信任是合作中的一方对于另一方不会在有机会做出损害行为的情况下，做出有损双方合作关系的心理预期。[153]如果合作各方缺乏必要的信任，就会互相隐藏知识，尤其是隐性知识的学习则可能不顺畅，组织合作创新成功的可能性则更加不明朗。组织间能够良好合作的黏合剂不仅是事前详细制定的契约，更重要的是合作各方之间的信任关系。信任可以促进合作创新团队各方成员的知识交互，为彼此间高水平的知识分享和转移创造条件。

充分的信任关系能够激发新技术的产生，促进新技术的交流和转移，使合作团队更主动地进行参与创新，提高知识创新的速度与效率。

2. 团队间沟通

研发合作中的团队沟通，是指合作团队之间正式或非正式地交流与技术创新活动有关的信息。由于合作团队间存在着技术创新能力、团队氛围和工作模式等差异，团队间的冲突、摩擦不可避免，这会对合作创新过程造成一定的负面影响。实践表明，合作研发中的沟通与创新成功与否存在一定的关联性，如团队之间沟通不畅，会出现信息孤岛或信息黏滞，造成资源、信息、进程等方面的协调问题，进而影响团队的研发效果。合理沟通有助于消除信息隔阂以及协调感觉和期望的不一致，形成合作各方对其他一方的乐观期望，从而促进合作各方之间的相互信任，也是组织间进行知识共享、促进创新的最佳方式。

3. 团队知识共享

知识创新是以组织及其伙伴的资源共享或优势互补为前提的，将自身的核心知识如产品专利、未公开的技术秘密等部分或全部与伙伴共享，可以使创新绩效达到更好，有助于保证合作目标的顺利达成。但同时这种内嵌于产品、研发过程或研发人员的核心知识也面临溢出的风险。因此，优势团队选择的合作方式、研发过程中对知识资源采取的共享态度等，影响了合作成功的不确定性。

4. 团队间冲突与解决方式

研发团队成员的多样性可能导致团队冲突。团队成员之间的差异性，导致每个人对于一项任务的目标、内容、可行性等内容存在不同的看法，这种不一致的看法必然会产生冲突。基于对研发任务认知的不同而产生的冲突会使团队间的知识互动频繁增加，思考更为深入，从而有助于团队解决问题，获得比个人更优的绩效水平。

通过本章节的理论分析，笔者认为，研发团队内部在创新任务执行过程中有多维度的知识转化活动，并且不同类型的团队与任务互动，对团队知识位势的增长可产生不同的影响。那么，基于知识位势等概念，对研发团队间的合作创新过程进行研究，需要继续深入探索的问题包括三方面：一是研发团队的知识学习行为对其合作团队知识位势发展的作用；二是在不同知识位势情境下，研发团队间的创新投入决策问题，以及在合作中团队面向团队间任务冲突等问题时的决策与管理；三是在团队—任务互动的合作创新联盟中，团队内部成员间、团队与任务间、研发团队间相互影响的动态复杂关系及其相互影响。这些科学问题皆有待于进行深入分析，本书在第 3 章至第 6 章将分别对以上所提出的问题进行研究。

2.4　本章小结

本章首先阐述了知识与团队知识的含义与分类，在对知识位势概念进行梳理与进一步细致描述，提出了研发团队知识创新的维度模型，以知识位势维、任务空间维和时间演进维构成研发团队知识创新的研究视角。并以此为基础，对研发团队合作创新过程进行了解析，认为其包含成员—团队互动创新过程、团队—任务互动创新过程和研发团队间互动创新过程。最后对研发团队间互动创新过程的影响因素做了分类与分析。以本章的理论思想为基础，后续章节将对组织间研发团队合作创新的相关问题开展研究。

第3章　研发团队间合作学习与
知识资源竞生分析

3.1　团队间合作学习行为类型

团队创新根本上来自知识学习，研发团队在合作创新的过程中需要团队间形成学习伙伴关系，利用其拥有的知识或者探索新的知识[154,155]，即团队间合作的研发任务处理过程包含利用旧知识和开发新知识。然而，无论是利用性学习抑或是探索性学习的团队间合作，从知识转移[156]与知识获取[157]的生态系统特征看，合作双方在知识获取、知识学习上皆存在竞争、捕食及合作行为。

竞争性学习行为是指基于特定的研发任务开展团队间合作，在任务实施过程中团队间会产生知识学习与经验交流，但合作的某一方竭力地向其他各方学习，以更快地提升自身的知识位势水平，而不是为了合作各方共同知识位势水平的提高进行的一种学习。[158]基于对某种创新知识垄断和独占的心理，团队双方在知识学习上存在一定程度的竞争行为。由于团队间的知识学习是以团队能力的提升为目标，知识的创新性才是团队间知识学习的核心，而传递的知识为知识接收者所熟知时，知识学习便失去了意义。竞争性学习行为不利于团队知识位势水平的共同提高，不利于团队能力的培育[159]，因此在知识学习联盟团队间合作的情景下是较少出现的。

3.1.1   互补合作性学习行为

互补合作性学习行为是指合作的双方基于创新的价值观,两个团队的知识互向合作方开放,在观察、模仿、实践中完成知识的交流、共享与集成,为合作各方知识位势水平与能力的提高进行的一种学习。

在互补合作性学习过程中,由于各支团队开放性的态度,团队拥有的知识能够与合作者进行充分地交流与共享,若 $E_x(x)$ 表示在合作前团队 X 的显性知识水平, $E_y(y)$ 表示在合作前团队 Y 的显性知识水平,则在任务合作完成之后,各支团队的显性知识都有显著提升,即有 $E_x(x,y) > E_x(x)$, $E_y(x,y) > E_y(y)$ 成立。对涉及团队的认知类、技能类的隐性知识,各支合作的团队也能够进行开诚布公的分享,则在任务合作完成之后,各支团队的隐性知识水平也有所提升,若 $T_x(x)$ 表示在合作前团队 X 的隐性知识水平, $T_y(y)$ 表示在合作前团队 Y 的隐性知识水平,即 $T_x(x,y) > T_x(x)$ 和 $T_y(x,y) > T_y(y)$ 是客观存在的。显示知识和隐性知识的相互作用与转化,使得合作团队作为一个系统,其显性知识水平 $E_{x+y}(x,y) > E_x(x) + E_y(y)$ 和隐性知识水平 $T_{x+y}(x,y) > T_x(x) + T_y(y)$,即知识集成达到 $1 + 1 > 2$ 的效果。

合作的双方在互补合作性学习中完成任务,使得团队 X 和团队 Y 的团队核心能力较之前也有变化,假设团队 X 的整体知识水平在团队间合作前、后分别为 $K_x(x)$ 和 $K_x(x,y)$,团队 Y 的整体知识水平在团队间合作前、后分别为 $K_y(y)$ 和 $K_y(x,y)$,那么团队总体的知识水平存在 $[K_x(x,y) = T_x(x,y) + E_x(x,y)] > [K_x(x) = T_x(x) + E_x(x)]$ 和 $[K_y(x,y) = T_y(x,y) + E_y(x,y)] > [K_y(y) = T_y(y) + E_y(y)]$ 。互补合作性学习有助于双方团队的新思想互相在对方团队内部传播与共享,团队的合作为团队及其所隶属的企业提供了较好的知识获取平台,有助于双方快速提升其独立的任务处置能力。

3.1.2   捕食性学习行为

如果仅靠自己的内部能力去创造知识,组织要承受巨大的时间和费用成本，极易陷入"失败陷阱"，而在与其他组织合作中，捕食、学习其他组织的成功经验和知识，就会快速地提高自身能力。[160] 捕食性学习开展的条件一般是，在组织面临新环境、新任务，需要新的知识与能力去解决时，基于一方团队具有很强的知识重构与创造能力，另一方团队具有很强的知识吸收能力与任务执行能力。两团队在合作过程中，不断地产生新知识、利用新知识，因此，可以将知识的吸收、被吸收的关系视为知识捕食与被捕食的关系，与生态界捕食者与生物之间的关系类似。

在捕食性学习过程中，团队间需要持有开放性的态度，尤其是知识重构能力强的知识供应者，更需要在吸收对方的各类显性与隐性知识后，基于自己的优势，对重新架构的新知识与对方进行充分的交流与共享，再输入对方团队中，以使得各方能和谐合作，共同处理面临的任务。任务合作完成之后，知识供应者（团队 X）的显性知识和隐性知识水平有一定程度的提升，即有 $E_x(x, y) > E_x(x)$ 和 $T_x(x, y) > T_x(x)$ 成立。同理，任务合作完成之后，知识捕食者（团队 Y）的显性知识和隐性知识水平也有显著提升，即 $E_y(x, y) > E_y(y)$ 和 $T_y(x, y) > T_y(y)$ 也成立。团队间显性知识和隐性知识的相互影响与转化，使得合作团队作为一个系统，其显性知识水平 $E_{x+y}(x, y) > E_x(x) + E_y(y)$ 和隐性知识水平 $T_{x+y}(x, y) > T_x(x) + T_y(y)$，这表明，捕食性学习行为能够使得团队的知识集成达到 $1+1>2$ 的效果。

合作的双方在捕食性学习中完成任务，使得知识被捕食者和知识捕食者的团队核心能力较合作前发生不同程度的变化。知识被捕食者的知识水平有较大的提升，存在 $[K_x(x, y) = T_x(x, y) + E_x(x, y)] > [K_x(x) = T_x(x) + E_x(x)]$，而知识捕食者的知识水平已经出现极大的提升，即存在 $[K_y(x, y) = T_y(x, y) + E_y(x, y)] > [K_y(y) = T_y(y) + E_y(y)]$。捕食性学习有助于知识被捕食者的新思想在知识捕食者内部传播与共享，有助于快速提升知识捕食者的任务处置能力。[138]

3.2　任务互动与团队间合作学习关系

1. 任务互动的内涵

研发团队为了能够对客户不断涌现的新需求做出快速的响应，可能需要和其他团队基于任务建立团队间学习与创新关系，此时合作组织整体需要进行知识互动。[161]并且当合作组织在执行具有一定复杂度的研发任务，组织的知识、能力需要与任务及创新环境重新匹配与适应时，就会引起"任务互动"。任务互动的实质是围绕任务所需知识领域，有效地跨越合作组织原有的知识边界，创造出新知识与技术，以使合作组织的知识位势能够覆盖任务需求。

任务互动的表现为研发团队间基于各自的知识优势进行任务划分、必要的任务沟通，以及对任务冲突进行协调与管理。合作组织需要进行合理的任务划分，直到分配给合作组织内部的每位研发人员，根据 Nonaka 的 SECI 理论[20]，新知识是通过组织间的耦合互动[162]以及个人与其所处环境间的互动而创造的，任务分配给研发人员执行时，嵌入研发人员的知识，以及其所在的任务情景有差异，会引发组织的知识广度[132,133]向不同方向拓延，而知识深度[132,133]的发展也因研发情景而不同。研发团队间基于任务的沟通动力[163]、沟通模式[164]等会影响研发团队间的合作关系，影响隐性知识与显性知识的转化效果和研发团队间学习的绩效。组织间的任务冲突为新知识的出现提供了契机[62,63]，任务冲突可能对研发人员进行更加合理的子任务分派，或者会引发研发人员产生新的创新思维，对任务冲突进行适当的管理，可有效激发合作组织的创造力，促进组织对未知知识的探索，提高吸收异质知识的能力。因此，任务互动过程与合作组织知识位势[137]的拓展以及任务完成效果有着必然的联系。

2. 任务互动促进研发团队间合作学习

当合作组织的整体知识能够满足执行任务所需时，研发团队间合作的任务执行过程即是高知识位势组织的知识资源向低知识位势组织转移的过程，研发团队间表现出捕食性学习行为；当任务所要求的知识位势增加时，研发团队间的合作促使其知识互补，使合作组织的知识位势在原有基础上得以进一步拓展，研发团队间表现出互补合作性学习行为；研发团队间捕食性以及互补合作性学习行为，使知识在联盟内部交流与转移，促进了联盟内的利用性学习，易于帮助组织在联盟内扩大知识视野，提升其知识惯性。当合作组织现有的知识位势无法满足任务的进一步开展时，研发团队间合作的重点则表现出对新知识的探索与开发，进而提升合作组织的知识位势，以与任务需求相匹配。可见，虽然研发团队间合作过程伴随着知识转移、吸收与利用，然而任务互动促进了研发团队间的这种知识学习关系，使得研发团队间的关系在利用性学习与探索性学习中转化与循环。

为了从微观视角进一步理解研发团队间利用性学习与探索性学习行为，探析其知识资源获取的途径与知识位势提升的机理，构造由两个研发团队组成的微观知识联盟，如图 3.1 所示，存在于研发团队间的互补合作性学习行为、捕食性学习行为以及任务互动关系等对合作团队的知识位势有着不同的影响，而研发团队知识位势的变化又会影响团队间的知识学习行为。为了揭示研发团队间学习行为的这种相互作用关系，下面通过构建动力学模型进行描述与分析。

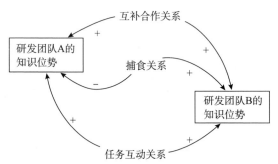

图 3.1　研发团队间关系及对知识位势的影响

3.3　团队间合作学习模型与分析

文献[165]研究了与具有探索优势的组织合作，成熟形态的组织方能平衡如何利用原有知识与如何开发新知识的问题。其模型中 a_x 值为正，a_y 值为负，这表明组织 y 缺乏新知识的构建能力，缺乏知识内生的能力，组织 y 的新知识是完全依赖于组织 x 的，否则组织 y 的知识水平将逐渐降低直至为 0。本章研究团队间知识学习（若无特别说明，本章下文中"组织"皆指研发团队），假设基于任务而合作的两个团队，知识水平都具有自然增长的能力，即都有相对独立的新知识构建能力，具有知识内生能力。只是在两者为完成特定任务的合作过程中，基于团队优势与任务特征而表现出不同水平的新知识构建能力，使得一个团队从另外一个团队获取较多的知识，在知识捕食—被捕食的团队合作中共同完成既定的任务。

在一定的知识开放度下，研发团队合作，显性知识较隐性知识会首先被对方快速吸收，如果研发团队的合作仅是将联盟已拥有的知识和技术应用在新任务中，则这种利用式学习会导致联盟陷入技术僵化状态[166]，仅会改善合作组织的短期绩效。嵌入在组织内部的隐性知识是组织创新的永久源泉[167]，知识联盟在互补知识基础上，基于任务与研发目标进行探索，知识在合作组织内的 SECI 转化，会激发新思维，产生新知识，从而可保持"利用"与"探索"的平衡。[155]可见，知识联盟基于任务的合作为新知识的生成、知识的获取与利用提供了机会。因此，本节在前人研究基础上，基于知识生态学思想，建立数学模型，分析任务互动如何促进研发团队合作学习，研发团队间不同学习方式如何影响知识位势的变化，以及对研发团队知识位势水平的演化原理进行理论剖析。

3.3.1　参数描述与模型构建

研发团队间合作过程是其知识位势相互影响的过程[137]，这种影响过程与合作投入意愿度、组织创新努力水平、知识边际收益等因素有关。[160]基于知识生态学观点[147]，各方知识位势水平的相对变化与知识主体学习行为密切相关，知识位势水平演化动力学方程的假设如下。

（1）若 x_i（$i=1,2$）表示组织 i 在时刻 t 的知识位势水平，其变化率为 $\dfrac{\mathrm{d}x_i}{\mathrm{d}t}$。$a_i$ 表示组织 i 在非合作状态时的知识创造率。由于知识的增长受到创新能力、沟通能力等的制约，具有一阶负反馈系统的动态特征，因此可用 N_i 表示极限知识位势，$\dfrac{x_i}{N_i}$ 表示知识饱和度，$1-\dfrac{x_i}{N_i}$ 表示潜在的知识对组织知识位势水平增长的影响。借鉴 Logistic 模型，$\dfrac{dx_i}{dt}=a_ix_i\left(1-\dfrac{x_i}{N_i}\right)$ 可表示组织 i 知识位势水平的增长规律。

（2）参数 b_{ij}（$b_{ij}>0$，$i=1$，2，$j=1$，2，$i\neq j$）表示组织 j 的互补合作性行为对组织 i 知识位势增长的影响；关于捕食关系，参数 c_{21}（$c_{21}>0$）表示知识供应者 A 促使研发团队 B 知识位势增长的效应，$-c_{12}$（$-c_{12}<0$）表示知识捕食者 B 促使研发团队 A 知识位势增长的效应。

（3）e_i（$e_i>0$，$i=1$，2）表示为完成分配的任务，通过沟通与协调，组织与任务冲突解决后，直接促使组织 i 知识位势增长的效应。借助于 Lotka – Volterra 模型[165]，任务互动促进研发团队间合作学习的系统动力学方程为

$$\frac{dx_1}{dt}=a_1x_1\left(1-\frac{x_1}{N_1}+\frac{b_{12}x_2}{N_2}-\frac{c_{12}x_2}{N_2}+\frac{e_1x_1}{N_1}\right) \tag{3.1}$$

$$\frac{dx_2}{dt}=a_2x_2\left(1-\frac{x_2}{N_2}+\frac{b_{21}x_1}{N_1}+\frac{c_{21}x_1}{N_1}+\frac{e_2x_2}{N_2}\right) \tag{3.2}$$

令 $T_{12}=\dfrac{b_{12}-c_{12}}{N_2}$ 表示研发团队 A 知识位势变动的组织影响系数，$T_{S1}=\dfrac{1-e_1}{N_1}$ 表示研发团队 A 知识位势变动的任务影响系数，$T_{21}=\dfrac{b_{21}+c_{21}}{N_1}$ 表示研发团队 B 的组织影响系数，$T_{S2}=\dfrac{1-e_2}{N_2}$ 表示研发团队 B 的任务影响系数，那么方程（3.1）和方程（3.2）可简化为

$$\frac{dx_1}{dt}=a_1x_1\ (1-T_{S1}x_1+T_{12}x_2) \tag{3.3}$$

$$\frac{dx_2}{dt}=a_2x_2\ (1-T_{S2}x_2+T_{21}x_1) \tag{3.4}$$

此动力学模型揭示了导致组织知识位势变化的两条可能途径，一是为直接完成任务做出的探索性学习及其努力，二是合作研发团队间基于知识

交流产生的利用性学习及其努力，包括互补合作性学习行为与捕食性学习行为。

3.3.2 模型求解与分析

1. 模型平衡点求解

任务互动影响下，研发团队间合作学习系统的平衡条件是 $\begin{cases} \dfrac{dx_1}{dt} = 0 \\ \dfrac{dx_2}{dt} = 0 \end{cases}$ ，且需

满足 $x_i > 0$（$i = 1$，2），由此得到平衡点，其坐标为 $P\left(\dfrac{T_{S2} + T_{12}}{T_{S1}T_{S2} - T_{12}T_{21}}, \right.$

$\left. \dfrac{T_{S1} + T_{21}}{T_{S1}T_{S2} - T_{12}T_{21}} \right)$，为直线 i_1：$1 - \dfrac{x_1}{N_1} + \dfrac{b_{12}x_2}{N_2} - \dfrac{c_{12}x_2}{N_2} + \dfrac{e_1x_1}{N_1} = 0$ 与直线 i_2：$1 - \dfrac{x_2}{N_2} +$

$\dfrac{b_{21}x_1}{N_1} + \dfrac{c_{21}x_1}{N_1} + \dfrac{e_2x_2}{N_2} = 0$ 在第一象限的交点，如图 3.2 所示。

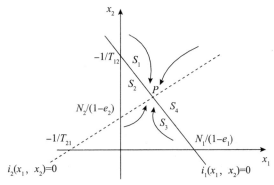

图3.2 任务互动促进合作学习模型的相平面分析

方程（3.3）和方程（3.4）的雅可比矩阵为

$$J(x_1, x_2) = \begin{bmatrix} a_1(1 - 2T_{S1}x_1 + T_{12}x_2) & a_1T_{12}x_1 \\ a_2T_{21}x_2 & a_2(1 - 2T_{S2}x_2 + T_{21}x_1) \end{bmatrix}$$

若 $p = -a_1(1 - 2T_{S1}x_1 + T_{12}x_2) - a_2(1 - 2T_{S2}x_2 + T_{21}x_1)\big|_P$

$$= a_1 T_{S1} \left(\frac{T_{S2} + T_{12}}{T_{S1} T_{S2} - T_{12} T_{21}} \right) + a_2 T_{S2} \left(\frac{T_{S1} + T_{21}}{T_{S1} T_{S2} - T_{12} T_{21}} \right) > 0$$

$$q = \det \boldsymbol{J} \big|_P = a_1 a_2 \frac{(T_{S2} + T_{12})(T_{S1} + T_{21})}{T_{S1} T_{S2} - T_{12} T_{21}} > 0$$

则平衡点稳定。

由于 $T_{21} > 0$，因此只需分析在 $T_{12} > 0$，$T_{12} < 0$ 两种情况下平衡点 P 的稳定条件，见表 3.1。

表 3.1　平衡点稳定性条件

稳定条件	对知识位势的影响	合作学习方式
$T_{12} > 0$，$T_{21} > 0$，$T_{S1} T_{S2} - T_{12} T_{21} > 0$	任务主—捕食辅型	团队间探索性学习
$T_{12} < 0$，$T_{21} > 0$，$T_{S2} + T_{12} > 0$	任务辅—捕食主型	团队间利用式学习

研发团队间合作会使其知识位势受到一定的正（负）反馈，对这种反馈与影响进行分类研究，主要依据稳定条件中任务影响系数与组织影响系数的关系。当 $T_{12} > 0$，$T_{21} > 0$ 时，研发团队间平衡态的稳定条件，为任务影响系数的乘积大于其组织影响系数的乘积，这表示任务互动对双方知识位势提升的影响大于研发团队间仅仅通过相互交流所获取的收益。此种情形下，研发团队间相互表现出正反馈的效应，同时在任务互动的刺激下，两者平衡态时的知识位势都会有显著增长。

当 $T_{12} < 0$，$T_{21} > 0$ 时，研发团队间平衡态的稳定条件，为捕食者的任务影响系数与被捕食者的组织影响系数之和为非负（即 $T_{S2} + T_{12} > 0$）。此时，捕食者对被捕食者的影响是负反馈，两者间表现出强捕食关系，由于 $T_{S2} + T_{12} > 0$，即 $0 < e_2 < 1 + b_{12} - c_{12} < 1$，那么任务互动对捕食者知识位势增长的影响相对有限，知识捕食者主要从其合作组织中捕食、利用知识。

2. 研发团队间合作学习方式与知识位势增长

研发团队间的合作学习方式，受到不同程度的任务互动、研发团队间互动的影响，从而造成知识主体相异的知识位势增长。

（1）研发团队间探索性学习与知识位势增长关系。在任务主—捕食辅型影响关系中，组织影响系数 $T_{12} > 0$，表示被捕食者受到一定的正反馈，即 $b_{12} -$

$c_{12} > 0$，这说明捕食者对其合作者的互补合作效应大于捕食效应，而 $T_{21} > 0$（即 $b_{21} + c_{21} > 0$）说明捕食者也受到来自被捕食者的正反馈，合作系统内部是相互协作与促进的关系。同时从合作系统的边界来看，有 $T_{S1}T_{S2} > T_{12}T_{21}$，即任务互动对系统内组织的正反馈作用大于系统内组织之间的相互作用，这说明在任务主—捕食辅型影响关系中，由于执行任务的需要，研发团队必须进行探索性学习，在这一过程中需要一定的交流与协作，且会产生知识转移与知识吸收现象，双方的知识位势都有一定程度的提升；但是仅通过相互间的知识流动并不能完全满足执行任务所需，研发团队必须创造新的知识，从而横向拓展知识宽度、纵向拓展知识深度，再次提升其知识位势，以达到探索性学习的目标，使组织知识与任务要求相匹配。

（2）研发团队间利用性学习与知识位势增长关系。在任务辅—捕食主型影响关系中，组织影响系数 $T_{12} < 0$，表示被捕食者受到其合作者的负反馈，即 $b_{12} - c_{12} < 0$，这说明捕食者对其合作者的捕食效应大于互补合作效应，捕食效应在研发团队间合作中表现明显，在合作系统内部，表现为一方（知识位势优势方）的知识位势降低，而另方的知识位势明显提升，是此次合作学习过程的受益者。但这种知识交流、知识转移与知识吸收过程还必须同时满足条件 $T_{S2} + T_{12} > 0$，即 $0 < e_2 < 1 + b_{12} - c_{12} < 1$ 成立；$0 < e_2$ 说明双方的交流是有条件的，即是以解决任务为前提，为了满足执行任务所需，知识优势者会将自己的部分知识资源转移给其合作者；若知识优势者所转移的知识资源数量 $a_1 x_1 \dfrac{(b_{12} - c_{12})\, x_2}{N_2}$ 能够全部被知识捕食者所吸收，$a_1 x_1 \dfrac{(b_{12} - c_{12})\, x_2}{N_2}$ 也就表示由于研发团队间互动使得被捕食者知识位势提升的程度，那么 $e_2 < 1 + b_{12} - c_{12}$ 也就说明研发团队内部（对捕食者）的组织影响系数大于研发团队边界（对捕食者）的任务影响系数，即捕食者主要是通过知识转移，即通过研发团队间知识的利用性学习，而非通过自己的创造来提升其知识位势。

3. 研发团队间合作关系的定性分析

任务互动的内涵以及研发团队间学习方式的界定，对研发团队间合作引发其知识位势增长有了基本的描述。进一步地，从系统动力学模型方程（3.3）、方程（3.4）可以获悉，任务互动效应（$+e_1$）对被捕食组织知识位势产生了正反馈，捕食者对被捕食组织的互补合作效应（$+b_{12}$）是正反馈，其间存在的捕食关系（$-c_{12}$）对被捕食组织知识位势产生了负反馈的影响。同时，任务互动效应（$+e_2$）对捕食组织知识位势产生了正反馈，被捕食者对捕食组织的互补合作效应（$+b_{21}$）是正反馈，研发团队间的捕食关系（$+c_{21}$）对捕食组织知识位势产生了正反馈的作用。另外，当某一方对其伙伴的学习行为效应发生变化时，不仅会影响其合作伙伴在平衡态的知识位势水平，其自身知识位势的发展也会受到影响。

在任务主—捕食辅型影响关系中，因为组织影响系数 $T_{12} > 0$，被捕食者对捕食组织的互补合作效应（$+b_{21}$）越大，被捕食者自身的知识位势越高，被捕食者对捕食组织的捕食效应（$+c_{21}$）越大，被捕食者自身的知识位势也相对越高，此情形如图3.3所示，平衡点由 P 处移至 P^1 处。$T_{21} > 0$ 时，捕食者对被捕食组织的互补合作效应（$+b_{12}$）越大，被捕食组织的知识位势越有提升，捕食者对被捕食组织的捕食能力（c_{12}）越弱，被捕食组织的知识位势也相对越高，此情形下图3.3中平衡点由 P 移至 P^{11}处。同理分析可知，任务互动效应（$+e_i$）的增加有利于其研发团队 j 的知识位势在稳定态时的提升。

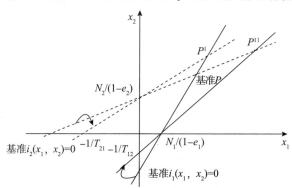

图3.3 $T_{12} > 0$ 时，模型参数变化的相平面分析图

在任务辅—捕食主型影响关系中，因为组织影响系数 $T_{12} < 0$，被捕食者对捕食组织的互补合作效应（$+b_{21}$）越大，被捕食者自身的知识位势越低，被捕食者对捕食组织的捕食影响（$+c_{21}$）越大，被捕食者自身的知识位势也

相对越低，此情形如图 3.4 所示，平衡点由 P 移至 P^{1} 处。$T_{21}>0$ 时，与"任务主—捕食辅型"影响关系的分析类似，此时图 3.4 中平衡点由 P 移至 P^{11} 处。任务互动效应（$+e_{i}$）的增加也同样有利于其研发团队 j 的知识位势在稳定态时的提升。

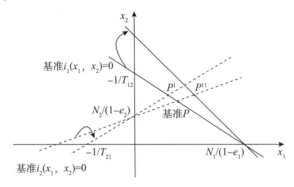

图 3.4　$T_{12}<0$ 时，模型参数变化的相平面分析图

对参数变化的定性分析过程综合整理，见表 3.2，一种关系的变化会引起平衡态时研发团队整体知识位势的变化。

表 3.2　模型参数与知识位势增长关系

知识位势（均衡态）	模型参数					
	$T_{12}\uparrow$		$T_{21}\uparrow$		$e_{1}\uparrow$	$e_{2}\uparrow$
	$b_{12}\uparrow$	$c_{12}\uparrow$	$b_{21}\uparrow$	$c_{21}\uparrow$		
被捕食者 x_{1}	↑	↓	sgn（T_{12}）	sgn（T_{12}）	↑	↑
捕食者 x_{2}	↑	↓	↑	↑	↑	↑

根据定性分析过程以及表 3.2 中的相关关系可知，无论是"任务主—捕食辅型"的研发团队间探索性学习，还是"任务辅—捕食主型"的研发团队间利用性学习，任何一方基于任务互动产生的知识位势增长效应，都会对合作系统内组织知识资源的增长产生正反馈。被捕食组织受到的捕食效应越大，合作系统内组织的知识位势出现负增长的趋势越明显；而且，当被捕食组织受到的研发团队的影响是负反馈时，即使被捕食组织对捕食者的知识位势产生正反馈的影响，被捕食组织做出的努力越大，随着合作的进行，其知识位

势越低。

可见，研发团队在合作学习过程中应把握利用性学习的尺度，不应无限制地进行系统内知识资源的捕食、吸收与利用，否则会很快演变成"无源之水"，应鼓励构建、适应探索性学习的环境，研发团队间应基于任务互动，创造与挖掘新知识，为研发团队间利用性学习提供持续的知识源。

3.3.3 算例仿真

上述理论研究部分指出，系数 T_{12}、T_{21}、T_{S1}、T_{S2} 的变化会引起双方知识位势在平衡态时不同的发展，下面通过算例模拟的形式，对模型的演化过程做进一步深入分析。

设定各系数分别为 $a_1 = 0.75$，$a_2 = 0.20$，$Ts_1 = 0.35$，$Ts_2 = 0.55$，从图 3.5（a）的模拟可知，在系数 T_{21} 固定不变，捕食者对被捕食者的组织影响系数 $T_{12} > 0$ 的条件下，T_{12} 值越大，双方的知识位势均衡值越大，且被捕食者的知识位势均衡值（x_1）变化较大；从图 3.5（b）的模拟可知，在系数 $T_{12} > 0$ 固定不变，被捕食者对捕食者的组织影响系数 T_{21} 值越大，双方的知识位势均衡值越大，且捕食者的知识位势均衡值（x_2）变化较大。

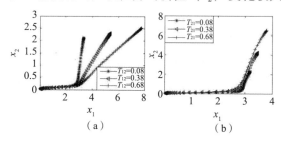

图 3.5　$T_{12} > 0$ 时，均衡值仿真结果

（a）T_{12} 变化时；（b）T_{21} 变化时

从图 3.6（a）的模拟可知，在系数 T_{21} 固定不变，捕食者对被捕食者的组织影响系数 $T_{12} < 0$ 的条件下，随着 T_{12} 值增加，双方的知识位势均衡值增加，且被捕食者的知识位势均衡值（x_1）变化较大；从图 3.6（b）的模拟可知，在系数 $T_{12} < 0$ 固定不变，被捕食者对捕食者的组织影响系数 T_{21} 值增加

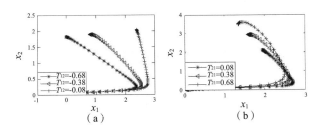

图 3.6 T₁₂ < 0 时，均衡值仿真结果

（a）T_{12}变化时；（b）T_{21}变化时

时，被捕食组织的知识位势均衡值（x_1）减小，捕食组织的知识位势均衡值（x_2）增大。

3.3.4 结论与启示

本节从任务型团队合作的微观视角研究了研发团队间的学习行为，在现有文献对研发团队间合作学习方式研究的基础上，认为研发团队间的利用性学习可包含知识资源双向流动的互补合作性学习行为以及知识资源单向流动的捕食性学习行为，并对任务互动促进组织知识位势增长的机理进行了描述，以两个研发团队间的合作为例，建立了动力学模型，研究结果分为以下几点。

（1）两种学习行为在不同情景下可促使组织知识位势的增长。任务互动情景下，在组织知识与任务需求匹配时，研发团队间探索性学习行为创造出新知识，促使组织知识位势绝对增长。研发团队间利用性学习行为，使研发团队间知识互补，从而促使知识位势相对增长。并且当某一方对其伙伴的组织影响系数发生变化时，不仅会改变其伙伴在平衡态的知识位势水平，其自身知识位势的发展也受到影响，这种影响与学习行为的属性有关，同时也与合作团队在联盟内的知识地位有关。

（2）研发团队的知识地位不同，组织影响系数变化所引起的各组织知识位势的变化趋势也是不同的。被捕食者组织受到捕食者组织较强的捕食性学习行为影响时，被捕食者对合作联盟做的贡献越大，其知识位势越低。这说明，研发团队间合作进行技术研发时，应把握利用性学习的尺度，不应无限制地进行系统内知识资源的捕食、吸收与利用，否则只能改善研发团队的短期绩效，对于研发团队间的长期合作是无益的。

3.4　团队间合作学习与知识转移管理

3.4.1　知识学习与知识转移

研发团队间合作过程中的知识学习行为，使得知识基于不同渠道由合作一方到另一方有目的、有计划地进行知识转移，从而实现双方的知识共享，有效利用现有知识。可见，在研发团队间的互动过程中，知识学习与知识转移是并行和紧密相关的。通过外部知识转移获取必要的知识，这样各个团队不必通过自己的不断试错来学习，而是从其他团队的成功实践中获益。研发团队的学习能力则是指为了开发与挖掘团队潜在所需的知识和技能，通过知识的模仿、改进与创造来提高团队对任务与环境相适应的胜任力。团队间的重叠知识和知识位势差异影响团队的学习能力和团队间的知识转移效率。

1. 重叠知识与知识转移

团队间的重叠知识包括基本技术、问题解决方法、先前学习经验和共同的语言等，团队间适度的重叠知识为合作学习提供了机会，这是由于待转移的知识需要相应的知识来理解。人们学习新知识的最重要途径是通过已有的知识，在自己的专业领域学习新知识比在那些自己并不熟悉的领域更加容易。知识重叠为团队间的合作创造了条件，也为团队学习潜力的增长创造了发展空间。

在知识学习过程中，知识捕食团队理解与吸收知识的能力依赖于与知识供应团队之间的重叠知识。随着知识互动的进行，捕食方与供应方开展有效的知识转移，可产生更多的重叠知识，提高团队间的知识重叠程度，促进知识转移效率的提升。而且，随着团队间合作学习的进一步深入，知识重叠程度的提高有助于加强团队对异质性知识更深层次的理解与吸收，进而提高团队学习能力。但是，随着团队间重叠知识的增加，知识捕食团队所需吸收和理解的异质知识相对减少，极易导致学习的路径依赖，使得知识转移率降低，学习能力递减。

　　因此，在一定范围中，知识重叠的程度与团队间知识转移效率和团队学习能力正相关，而超过了这一范围，知识重叠度往往与团队间知识转移效率和学习能力负相关。

　　2. 知识位势差异与知识转移

　　组织之间在技术、技能、运行程序和组织文化上的重叠知识越少，相互间的知识位势差异就会越大。从此视角来看，知识位势差异构成了知识转移的动力。

　　团队具备相似的知识背景，即适度的知识位势差异是团队间进行知识转移的前提。团队间的知识位势差异在一定域值范围内增大，说明两团队间某类知识水平差距增大，此时知识转移的动力将增强，反之亦然；当知识位势差异值变小，且超过一定界限时，表明知识供应方团队与知识捕食团队的知识水平十分相近，此时知识捕食团队本应该更加容易获得并掌握新知识，不过由于团队间的这种差异很小，可能反而会减弱知识转移的动力。

　　3. 团队间合作学习与知识转移

　　团队间通过合作进行知识学习的过程，是知识在两方团队间和知识捕食团队内部的流动过程。这包含两个子过程，其一是团队间的知识转移过程，其二是知识在团队内的知识转化过程。

　　团队间的知识转移过程是指知识捕食团队与它的外部合作组织（知识供应团队）相互交往、学习和转移知识的过程，在这一过程中，由于成员间的紧密接触和交往，成员会认识到各合作伙伴所拥有的知识和技能的差别，通过这一过程，研发团队可以取得依靠独自力量所不易获得的知识，使得团队知识位势增加。

　　团队内的知识转化过程是指知识捕食团队对从外部组织中获取的知识在本团队内传播，被团队成员吸收、转化的过程。新知识在团队中被吸收和转化的程度决定了知识被利用的程度，决定了合作学习行为的效果。

　　团队间合作学习过程中，团队间的知识转移过程是知识的横向流动过程，团队内的知识转化过程是知识的纵向流动过程，这两种层次的知识流动是相互影响、相互促进的，通过知识共享、吸收和转化来完成。

首先，团队间知识的横向流动通过内部纵向流动影响团队的知识位势。外部知识流向知识捕食团队后，知识在团队内通过个人知识组织化、隐性知识显性化等方式，在研发团队内传播、扩散，经过研发成员的吸收内化，最终形成研发团队的技术创新能力。在这个过程中，在团队内部发生了知识流动，即捕食团队外部的知识转化为捕食团队的知识，这些知识是执行研发任务所必需的，并存储于成员的头脑、各种文件、图纸和资料中，从而提升团队的知识位势，为团队提供创新的源动力。

其次，知识的内部纵向流动通过外部横向流动实现团队创新能力的增长。研发团队中的一部分工作成员可能同时在两个或者多个研发项目中工作，但团队成员在这些项目中可能承担着相似内容的研发任务，多个研发项目中可能经常遇到相同或相类似的问题，研发人员在相互交流中共享着行业内的知识和技艺，新的创意就在这种情形下按照较小阻力的途径传播。这种团队间的横向的知识流动比起一个研发团队内部产生新知识、传播新知识的内部纵向的知识流动更为容易。因为知识的流动需要类似的研发实践作基础，研发团队内部是按照任务分工和成员的能力差异而组织起来的，各个研发人员的研发实践活动不同，面临的技术难题也往往各不相同，要使知识在研发团队内部有效流动，必须花费较大的组织成本和时间成本。所以，知识在具有相同研发实践的不同团队之间流动，知识的转移速度和知识的利用效率更高。此外，知识交流与知识转移也很容易发生在纵横交错的人际关系网络之中。

3.4.2　知识转移媒介选择

1. 媒介丰度与知识转移

媒介丰度是媒介的内在属性，是媒介使人们在理解上达成一致的能力。美国组织研究学者 Daft 对媒介丰度的定义为"信息媒介在组织间传递信息和知识时能够减少模糊性的潜质"。媒介丰度主要表现在反馈能力、多重暗示能力、语言多变性和个体针对性 4 个方面。其中反馈能力主要强调媒介对信息反馈的速度和便利性；多重暗示能力主要强调媒介传递信息方式的丰富程度，如语音语调、表情变化、肢体语言等；语言多变性是指信息符号可以表达的语意范围，例如，数字可以表达出较为精确的语意，自然语言可以传递更为宽泛和模糊的信息；个体关注性表示媒介对接收方具体情况的关注程度。[126]

传统知识转移媒介包括人员流动、培训、观察、电话、备忘录、说明书、报表等，根据媒介丰度的评判标准，可将其归类并按照丰度高低的顺序为面对面、电话、信件、个人书面文本、文件或者公告等正式文本、传单及布告、正式数字文本。而随着信息技术的发展，新兴媒介如视频会议、电子邮件等，增加了人们选择的范围，视频会议的丰度介于面对面和电话之间，电子邮件的丰度介于电话和信件之间。

知识内容的模糊性对知识转移媒介的丰度有不同的要求，知识内容的模糊性越强，对媒介的丰度需求越高，因为媒介丰度高有利于沟通双方处理复杂的主观信息，降低模糊性，使双方消除分歧达成理解上的一致。而知识内容的模糊性越低，对媒介的丰度需求也越低。丰度低的媒介不适合模糊性高的知识内容，但是处理能被很好理解的信息和标准数据却非常有效。可见，知识内容的模糊性决定知识转移媒介丰度的选择，当知识内容的模糊性和媒介丰度相匹配时，双方沟通与知识转移效果最好。[169]

学者进一步研究发现，知识的内隐性为工作中学到的技巧的不可言明性和不可编码性的累积，知识的隐性特征是选择知识转移媒介的影响因素，知识的隐性特征越强，所需的媒介信息丰度越高。当组织的知识类型偏向显性时，选择文件、程序、手册等媒介丰度低的媒介会有较高的组织绩效；而当知识类型偏向隐性时，通过互动、沟通的方式选择使用媒介丰度高的媒介会有较高的组织绩效。

2. 知识转移媒介与知识产权风险

在组织合作过程中，知识转移媒介是知识供应者和知识捕食者之间交流的工具，是两者间进行知识转移的渠道。知识转移媒介丰度在一定程度上决定了知识供应者和知识捕食者可以接触对方知识的范围与内容，而知识转移媒介选择的不恰当可引发合作双方产生知识产权风险，显然这种风险与知识供应者和知识捕食者的基于媒介的交流行为是密切关联的。

知识转移媒介会引发知识产权风险。知识供应者和知识捕食者一般会根据双方的合作程度和任务的复杂程度选择知识转移媒介的媒介丰度，以此来确定知识转移媒介。知识转移媒介的信息丰度会影响合作双方的知识交流行为，比如是完全按照协议来执行创新任务、进行知识互动，还是采取机会主义行为、尽力获取对方的新知识，等等。在知识转移媒介的信息丰度很高的条件下，合作伙伴可能有更多的机会接触到很多与合作任务无关的知识，这为合作伙伴采取知识窃取、挪用等机会主义行为提供了机会，而在知识转移媒介的信息丰度较低的条件下，合作双方组织就比较难以接触到对方组织合作范围外的知识，产生知识产权风险的可能性就比较小。但是，信息丰度较低的情况下，其传递信息的能力越低，知识转移过程中知识的模糊性可能越明显，合作组织吸收和学习其合作伙伴的知识就越困难，知识转移失败的风险增大，进而有可能影响联盟知识产出的目标。[126]

知识产权风险会影响知识转移媒介的选择。不同知识转移媒介的丰富性不同，所引发的知识产权风险的程度也有所差异。[125]如果要减少知识转移的不确定性，媒介仅需要推动大量客观和数字化数据的交换，丰度低的媒介对于减少不确定性来说更好些。如果要减少交流中的模棱两可，媒介需要支持大量的沟通暗示去理清和解释问题，而不是仅展示丰富的资料与信息。所以，当管理者对模棱两可的任务使用丰度较高的媒介时，知识转移效果和任务绩效都会得到提升。可见，组织应根据其所能承担的知识产权风险的大小，来选择适宜的知识转移媒介。而要选择合适的知识转移媒介，从根源上防范知识产权风险，应该从不同的知识转移媒介在媒介丰度的4个属性上进行仔细斟酌与对比。如果选择的知识转移媒介的信息丰度过大或过小，产生知识产权风险的可能性就越大，因此合作组织需要慎重考虑。

3. 知识转移媒介与知识破损

在团队间合作过程中，如果技术知识体系能够全面地从知识供应团队传送到知识捕食团队，并被知识捕食团队完全理解吸收，发挥知识的应有作用，就称知识的转移是完整的。然而知识转移过程中有许多因素阻碍知识的传递，甚至破坏知识的完整性，使知识体系在转移的过程中丧失一部分，造成知识转移的失败，这就是知识破损现象。[170]

在知识转移过程中，知识供应团队的知识基础、知识转移能力、对知识的保护程度等都会影响发送知识的选择和整理，它将根据自身对知识的理解和掌控程度整理发送知识。比如由于技术知识既表现为外显的技术文件、蓝图、专利，还有知识内隐在员工经验化形态的技能、团队所认同的规范和流程之中，这样知识供应方出于一些目的刻意隐匿或修改一些隐性知识就相对容易。知识捕食团队的知识集成能力、行为规范与组织能力等因素也与知识转移中的知识破损有关，比如组织间合作创新的技术知识转移所涉及的多为组织所独有的技术知识，通常具有路径依赖性，跨越边界的知识的理解与吸收比较困难，知识破损也就更容易产生。另外知识转移媒介的选择不当所造成的知识转移过程中的知识破损现象也不能忽视，这一问题与知识本身的特征有关。

在双方合作的任务中，知识供应者一方更愿意选择使用文本文件、电话交流等方式对知识进行输出，而不愿吸收知识捕食团队的成员到其组织的团队通过密切的面对面的交流方式进行学习，无疑会发生知识交流的障碍以及由此所产生的知识破损，那么会使知识捕食团队所学习到的知识不能在研发任务中有效利用。隐性知识很多黏附在组织惯例和特定员工的头脑里，甚至有相当部分的知识只可意会不可言传，用数字或者文本文档进行清晰表达更不可能。只有采用面对面的方式交流与学习，借助示范、表情等帮助，知识捕食方才能完整地学习到某些隐性知识，知识转移才可能成功。

长安汽车工程研究院是中国长安汽车集团股份有限公司的自主研发的核心机构。2006 年，发改委公告的全国 438 家技术中心评价中，长安汽车工程研究院位居全国 12 位，汽车行业第 3 位。长安汽车工程研究院对员工的知识学习方面尤为重视，在和国外的研发机构进行项目委托合作基础上，有计划地选派研发团队的员工到国际一流的开发平台上实践和锻炼，全过程参与所有系列产品的开发，不仅学习到了国外设计公司的先进经验，还掌握了各种流程、规范和方法，逐步培育和提高了自主开发能力。长安汽车工程研究院近 1000 人的高素质的核心研发团队中，就有 700 多名员工曾远赴海外进行学习。通过这种边工作边学习的方式，研究院培养出了数以百计的资深设计师。更重要的是，长安汽车编写了一套完全自主研发的白皮书，其中记录了详尽的试验参数，总结出一套被国际汽车业认为是汽车行业核心竞争力的开发设计流程。

3.4.3 促进知识转移的组织与管理方式

1. 提升组织知识的编码程度，由成员专门负责显性知识的管理

知识编码与知识转移方式之间存在着内在关联关系，即隐性知识的编码程度较低，对知识转移双方之间交流的方式要求较高；相反，对于编码程度很高的显性知识，知识转移的双方只需要借助丰度较低的媒介即可以实现知识的转移。研发过程中产生的某些隐性知识不及时记录下来，往往会由于个体"遗忘曲线"的存在，出现被动知识遗忘现象，一些有用的知识在被成功地转移到组织记忆系统之前就有可能已经被遗忘，这种遗忘会大幅度地降低组织的平均知识水平。尽可能对项目中的知识实现编码化，既可以解决被动知识遗忘问题，提高组织知识水平，又有利于知识的转移，降低以人为主的知识转移模式下的转移成本。

对研发过程中所产生的知识实施编码化的前提是在团队内建立知识编码化的科技基础结构，即利用信息技术建立资料库、计算机网路、数据库等，对项目实施中所形成的知识编码化。研发团队在工作过程中产生的基础数据、创意和项目经验等无形资产，这些知识与信息还可能以会议记录、研究报告等形式保存下来，成为研发团队拥有的显性知识的一部分。对这些显性知识进行编码、归类，同时运用5S管理方法，实施整理、整顿、清扫、清洁、素养等，淘汰过时的文档与知识，及时更新为新内容并加以标示，养成一种积极主动的知识管理与工作习惯。对存储在研发团队"数据库"中的这些显性知识，制定合适的规则，使需要的成员能够方便地检索、获取和使用。这是一个非常科学又有效的显性知识管理方法，使显性知识便于在研发团队内部传承与累积。

2. 实施工作轮换制度

工作轮换制度是企业培养人才的一种有效方式，企业有计划地按照一定的期限，让员工轮换担任若干种不同工作，从而可以考查员工的适应性和开发员工多种能力，提高员工的换位思考意识，通过这种方式可使人才在企业内部有效流动，实现人力资源的合理配置。所以通常来讲，企业将工作轮换制度作为员工职业生涯发展、调整工作环境以及消除员工工作枯燥感的手段。

从知识管理的视角看，工作轮换制度的实施有利于组织内部的知识转移与知识学习。

（1）首先，工作轮换为组织内的团队带来了新知识、新思想。工作轮换使组织内的工作团队可以更多地接触有技术专长、有地位、传递有价值知识的员工，这些员工在解决问题时一般倾向于用更好的方法来解决，易于说服其他员工接受自己的思想或建议。当这种思想或建议被团队接受时，更多的员工可以接触、吸收这种新思想以及与此相关的新知识。

（2）其次，通过工作轮换，有利于发展员工的思考方式，提高知识存量。参与工作轮换的员工加入新的团队，通过与团队成员的信息与知识交换，往往会使双方的价值观以及思考方式出现新的挑战，从而触发某一方认知上的变化，通过密切的工作合作和人际交往，某一方会将自己拥有的知识转移给知识接受者，促进团队成员的知识交流，提高团队的平均知识存量。

（3）最后，工作轮换有利于发展组织内的知识交流网络。知识员工在团队 A 所属的岗位工作时，一般会与一些同事建立良好的人际关系。当该员工离开团队 A 到另一个团队工作时，先前建立的与团队 A 内员工的人际关系不可能完全随着工作轮换而消失。而且，团队 A 内的其他员工也可能参与了工作轮换，进入其他的另一个团队工作。依赖这种人际关系，成员间可以在一定程度上相互了解其他团队的知识变化，并将这些新知识带到目前所在的团队。这种基于工作轮换以及非正式关系建立的知识交流网络有利于团队之间知识的互补、传播，提高组织的知识流动效率。

组织在实施工作轮换制度时，不应仅在同一部门内部的不同团队之间进行，组织也应考虑跨部门团队间的工作轮换，知识主体间存在适当的知识距离，才有动力进行知识的学习，才会促进主体间的交流与知识转移。此外，工作轮换涉及交接班的两个关键控制点，一个是在新上任前将工作接手的程序，另一个是在离开岗位之前将工作移交给他人的程序。为了保证交接班过程能够有序进行，企业需要建立相应制度规范对交接班操作的关键点进行控制，工作分析和工作轮换的事前计划是需要认真对待的，而制订严格的绩效考核标准对工作移交情况进行认真细致的考核也是不可缺少的。

3. 实施师徒制

师徒制是企业中普遍采用的一种知识转移形式，在这样的形式中，企业的新员工可以在实际操作过程中向老员工学习，老员工的知识可以在潜移默化中为新员工所接受。

师徒模式下的知识学习主要是隐性知识转移的过程。师傅一般是企业中资历较深且具有丰富工作经验和岗位技能的员工，徒弟一般是企业中新雇用的缺乏工作经验、缺少实践能力的员工。两类知识主体一起工作，在工作过程中师傅向徒弟传授通过自身经验积累下来的隐性知识，这种知识嵌套于个人观点、行为或工作惯例中，难以用文字、语言和数学公式等来精确表达，只能通过"干中学"、"学中干"的方式进行面对面的传授。在这种模式下，企业可以尽快通过内部已有的熟练员工来培训新员工。

师徒模式下知识转移过程中经济方面的得失、能力方面的约束、情感方面的考虑等是对两类主体间的知识转移构成了障碍的常见因素。特别是在当今竞争和就业压力日益激烈和严峻的境况下，"师傅"不免会从自身利益考虑，如果奉献出的知识和技能过多，就会处于不利的境地，自身利益将受到或大或小的威胁。在这种情况下，"师傅"会自然而然地隐藏自己的隐性知识。因此，需要建立一套合理的机制来促进师徒模式下隐性知识的转移与学习。徒弟接收到师傅的隐性知识，可能会提高其工作技能，将给企业带来一定的效用，组织可以依据这些对师傅发放额外酬劳，这些精神的或者物质的奖励用以补偿师傅可能会遭遇的损失。一个良好的组织激励体系，能促进和激励成员间的学习与合作，能够有效地促进成员将个人隐性知识不断地转变为团队中的共有知识。

4. 在项目团队中学习

项目团队有非常明确的研究与开发任务，在一定时期内，团队成员需要围绕着任务进行讨论、协作和思考。在任务目标的激励下，团队成员非常有动力进行知识的共享和创造，有利于促进隐性知识的积累、共享和创新。项目团队可以为参与的成员提供一种密切的沟通、交流、协作的工作环境，这种环境有利于人与人之间直接的知识交流，也为知识的吸收、共享、利用以及新知识的创造提供了场所。

为研发人员提供在项目团队中学习的机会，通过加入新产品开发团队、新技术实验开发项目团队，使其在团队中承担一定的工作，全程参与项目的研发工作与团队的各种实践活动，在与他人的密切交流中，来实现必要的知识学习。

项目团队成员既是知识的载体，也是知识的传播者。在项目中学习的参与方式，一方面可以使员工认识到知识的价值和学习的重要性，认识到提供知识、分享知识的责任；另一方面，也使员工在项目运作中、在这种正式群体内部，获取必要的经验，与其他研发人员之间紧密协作、共享知识，可以获得包括开发环节和生产环节的知识，有助于提高其个人知识水平和研发创新能力。

在项目团队中学习与实践的经历，可以使团队的知识资源不断得以集成与重用，如新进行的项目与以前的项目运作往往具有某些相似的地方，前期某种型号或系列产品的开发，会对后期具有某种类似性的产品开发起到经验借鉴作用；某些团队成员可以同时参与两项企业中同时进行的项目，而这些项目之间也有可以相互借鉴的经验。

5. 建立有效的激励制度

激励制度的设计应该考虑以下原则。一是注意激励机制设计与实施所引发的过程和结果的统一。合理的激励机制可以充分调动研发人员在任务执行过程的学习积极性和充分的知识共享，通过有效的知识转移实现组织既定任务的目标是最终目的。二是激励机制应该引导研发团队成员的个人需求动机与研发团队的整体目标相统一。三是应该针对不同知识位势的科研人员及其对团队的知识贡献程度，设计不同的激励机制，以达到最佳效果，使知识转移数量、知识转移意愿与参与知识转移受到的补偿相统一，以最小的组织成本达到最佳的组织交流效果。

拥有高位势和高隐性知识的研发团队成员，通常在物质和精神等层面上已有较大的满足感，采用传统的激励方法不易达到预期的效果，对这类成员采用内在激励和团队激励相结合的方法，可以在一定程度上提高激励的有效性，充分调动他们分享知识的积极性，从而利于带动整个团队知识位势的提升，促进研发团队创新能力的不断发展。对于低知识位势的研发团队成员，实行以个体为基础的物质激励可能会直接促进其学习知识、参与知识分享的积极性，使这类研发人员在不断学习新知识、培育和提升其自身的研发能力的同时，享受到经济刺激带来的效用。

6. 合理使用知识管理的工具，建立知识转移媒介

研发团队可以利用计算机技术、通信技术和网络技术帮助团队及个人有效地管理研发过程中的各类知识与信息，提升知识获取与传播的能力，提升知识存储的能力，提升知识挖掘的能力。如使用概念地图，将研究领域中的知识元素按照内在关联建立起一种可视化的网络，以解释知识结构的细节变化，或者用文字将大脑中的想法"画"出来，有益于激发原创性思想和提升团队知识共享。如使用文献管理工具 EndNote、NoteExpress 等，可以将个人拥有的显性知识进行整理，对自己的知识结构进行评估，且加强个人隐性知识的管理与开发，并转化成个人的显性知识，从而激发个人的知识创新。如使用 Project 2010 可以制订较为详尽的团队科研工作计划，对于研究周期较长、子任务较多的研发团队，其使用对于研发过程的管理、团队成员的管理、研发成本的管理与监督更为有效。

知识转移同样需要相应的技术支持，要实现团队间知识的有效转移，有必要借助知识管理的技术、工具，充分利用包括信息科学在内的各学科的技术与方法，建立项目知识转移的平台。从技术的角度来看，文档管理技术、搜索引擎技术、数据挖掘技术、专家系统技术、群件技术、BBS 技术等均能在一定程度为知识转移提供平台。将现有的知识管理技术中包括分布式知识

库、知识地图、知识管理系统、多代理知识系统、知识推理与表述等具有一定成熟度的技术应用，有利于对研发团队间的知识学习和知识转移进行组织与管理。

3.5　案例：华为公司研发团队的知识学习

华为技术有限公司（以下简称"华为"）成立于1988年，是由员工持股的高科技民营企业。2012年，华为公司15万名员工中，研发人员占总员工人数的45.36%。华为持续提升围绕客户需求进行创新的能力，长期坚持将不少于销售收入的10%用于研发投入，并坚持将研发投入的10%用于技术预研和产品预研，对信息与通信行业的新技术、新领域进行持续不断的研究和跟踪。

华为公司实行基于集成产品开发模式的产品开发流程，这种模式是根据大量成功的产品开发管理实践总结出来的，它被IBM、波音、诺基亚、杜邦等许多企业成功实施，被证明是一种高效的产品开发模式。通过这种模式，提前进行技术研发，将不成熟的技术提前突破，产品开发过程中共享下层部分，不再做重新开发，可快速、准确、低成本地满足客户的个性化需求。

华为的技术管理分为两个级别，一是公司级别的技术管理与研发团队，另外一级是产品线级别。即强调技术分类管理，将产品开发在纵向上分为不同的层次，即产品开发、技术开发以及平台开发相分离，不同层次工作由不同的研发团队并行地异步开发完成。技术和平台开发解决技术的突破，形成平台产品，以供产品开发时共享，产品开发团队实行矩阵式的组织管理方式，在横向上，也保证了不同平台产品间的知识学习与知识共享。[171]

在产品开发的管理与执行上，主要有产品管理团队、产品规划团队和产品开发团队。由各个职能部门主管组成的产品管理团队是跨部门的决策团队，负责产品开发决策。产品规划团队是负责公司产品市场调研分析和具体产品项目任务书。产品开发团队是跨部门的执行团队，由和产品开发相关的各职能部门代表组成，负责产品开发的整个过程，包含从新产品项目的立项、设计与开发、生产、营销的全生命周期的项目管理。

在强矩阵式项目研发组织结构下，跨部门的团队负责围绕项目的目标和任务开展工作，而企业的职能部门则更多地关注资源和能力的建设，这样就形成一个交叉的相互配合的机制，能够牢牢地抓住客户需求，提升研发的响应能力，可以为客户快速提供优秀的产品和服务，提升客户的满意度和忠诚度。同时，也有助于加强企业内部职能体系建设，有效地支撑了流程的高效运作。

华为企业内部建立可重用的共用基础模块，既降低了研发的风险，也从技术上保证了组织内部的知识学习和技术共享。[172]共用基础模块指那些可以在不同产品、系统之间共用的零部件、模块、技术及其他相关的设计成果。不同产品、系统之间，存在许多可以共用的零部件、模块和技术，如果产品在开发中尽可能多地采用了这些成熟的共用基础模块和技术，那么这一产品的质量、进度和成本会得到很好的控制和保证，产品开发中的技术风险也将大为降低。因此，通过产品重整，建立共用基础模块数据库，实现技术、模块、子系统、零部件在不同产品之间的重用和共享，可以缩短产品开发周期、降低产品成本。

集成产品开发流程、业务分层管理、利用共用基础模块实现技术重用等是华为技术管理体系中的一个部分，保证了通过技术研发和创新管理提高企业技术核心竞争力，帮助企业实现产品快速、高质量、低成本上市的目的。从知识管理的视角分析，这些管理方法无疑也为企业研发团队对新技术、新知识的学习提供了组织上的保证和技术资源的支持。

3.6 本章小结

本章对合作创新过程中存在的团队间合作学习行为进行了研究，合作学习会引发合作双方知识资源的竞相增长。首先，对研发团队间合作学习行为类型进行了界定与内涵分析。其次，以两个研发团队组建的创新联盟为例，将其视为一个知识系统，建立了基于任务互动的团队间合作学习的微分动力学模型，研究团队的不同学习行为对系统知识位势水平发展的影响。然后，研究了合作学习与知识转移的关系，为保证合作学习的效果，合理选择不同的知识转移媒介和为促进知识转移而进行合理组织与管理，是研发团队合作学习过程中不可回避的问题。最后，以华为公司为例，对企业如何在组织上与技术上保证研发团队的知识学习进行了案例分析。不同知识位势水平的团队在合作创新过程中的地位与决策行为一般是不同的，第 4 章则研究合作创新系统内不同知识位势情境下研发团队的创新投入决策问题。

第4章 研发团队知识管理与投入决策分析

资源基础理论认为，组织是各种资源的结合体，异质性资源是组织持续创新的源泉。[173] 在知识经济时代，合作创新能够使组织获取外部异质性知识，知识与能力的互补有利于创造单个组织无法创造的新知识，同时也是降低研发风险的重要举措。组织之间研发团队合作创新是知识互动的过程，一方面是单个组织的互补性知识与对方分享互动过程，另一方面也是合作组织对所拥有的专业知识利用和创造的互动过程。[146] 研发团队已逐渐成为组织创新的主体[3]，在面向复杂的创新任务时，需要组织之间研发团队的合作，具有不同资源优势的研发团队组建的创新联盟是合作创新的一种重要机制。[174]

4.1 研发团队知识管理

4.1.1 研发团队知识管理的内涵

这里所谈的研发团队知识管理是指研发团队基于执行创新任务的需要，对知识的捕获、共享、利用与创造的过程。其直接目的是完成研发任务。其管理对象是研发团队和团队成员所具有的显性知识和隐性知识。参与企业创新任务的人员都是掌握不同专业技能的知识型员工，对他们的管理与普通员工不同。研发团队捕获或者利用的知识可能来自研发团队内部，或者来自企业内部的其他研发团队成员，也有可能是来自与其合作的组织外部的研发团队。研发团队则需要有效地整合来自组织内外部的知识资源，形成有力的创新力量，完成团队的创新任务，同时又要把握好对某些关键知识与关键技术的共享与保护问题。

研发团队知识管理的功能之一是进行新知识的创造，而将整合和创造的新知识嵌入新产品中，是研发团队的终极目的。获取知识和共享知识是知识创造活动和新产品研发的前提，研发团队知识管理就是对包括知识获取、知识创造的一整套的管理工具和方法的具体实施。

研发团队知识管理与企业知识管理有如下区别。

（1）企业层面的知识管理侧重企业研发项目的规划与审核，研发团队及其成员的考核与激励问题，研发管理平台的构建与管理问题，以及知识产权的申请与保护等。研发团队的知识管理涉及研发成员的任务配置，产品设计数据的维护，以及研发合作中的知识共享与知识保护等。

企业知识管理水平的高低直接关乎研发团队的工作效率与工作质量，如由于企业研发流程的不合理会导致研发团队的多次重复工作，企业研发数据的保管不当会导致研发团队将研发工作的一部分时间浪费在资料数据的查找上。

（2）企业的知识管理工作是日常性的，包括由企业的职能部门来参与的专利申请与知识产权保护、信息系统维护、文件资料的储存等工作。研发团队的知识管理是项目式的，负责技术研发或者产品研发过程中的知识创新、知识共享、研发成员与任务的配置管理。

研发团队的知识工作是建立在企业已有的知识资源基础上的，并且研发团队的工作是创新性的，是对企业已有知识的深度加工。

（3）企业的知识管理工作侧重于通用知识、领域知识的管理。研发团队执行创新任务往往需要各种层次的知识，包括通用知识、领域知识和专有知识。通用知识是企业所在的行业适用的基础知识，如汽车制造行业中的通用知识有工程制图、机械原理、计算机辅助设计等。通用知识的获取比较容易，可以通过招聘相关专业一定学历水平的员工来解决。领域知识是在全寿命周期中所涉及的各领域人员，包括研发设计人员、生产与制造人员、营销人员、使用人员、维修人员等所掌握的相关的知识内容。领域知识因为涉及的范围大、人员多，特别是其具有复杂多变的特性，较难获得。也因为如此，对领域知识的获取进行科学的组织和管理，关系到产品开发成败，所以企业需要尽可能利用多种渠道以获得此类知识。

研发团队的知识管理工作侧重于对专有知识的管理。专有知识是企业研发团队及其核心成员多年研究和实践的成果，包括研发设计中专用的一些工具类知识和使用这些工具的技巧等，这些知识是企业核心技术能力的体现，一般是通过企业研发团队自我知识积累和创新实现的，一旦形成，别人是难以模仿的，同时也是最难获得的。

4.1.2　研发团队知识管理的特征

1. 知识的复杂性

无论是团队创新工作所产生的知识，还是团队自身起初所拥有的知识，都具有一定的复杂性。

团队的研发知识并不是一开始就是显性化的，而是在整个任务执行过程中通过团队间的交流，而逐步明晰化的。这包含两类知识：最终产品所包含的知识和社会网络关系性知识。最终产品所包含的知识不仅包含研发类似产品所必须具有的通用知识和领域知识，也包含研发团队的专有知识，是研发团队独有的技术创新成果。社会网络关系性知识是指，在团队中，参与项目的团队成员建立彼此的联系，熟悉彼此精通的领域，积累与团队其他成员相处的方式，即社会性成功，也就是关系的价值。

在研发团队的工作过程中，还会产生过程性知识，具有隐性知识的特点，往往是团队工作中不为人们所重视的知识，但这种知识对整个团队运作，对组织的知识积累、知识共享和创造却有重要作用。过程性知识主要包括知识发生过程性知识和团队管理过程性知识。知识发生过程性知识是指，内化于研发团队工作流程中的，帮助团队成员共享和利用知识的知识与技巧等。团队管理过程性知识是指，对研发团队的知识分工管理以及创新过程的沟通与决策等管理经验。

2. 参与主体的复杂性

研发团队往往是由企业不同职能部门的知识员工，以及由不同的外部组织及其成员参与，包括系统集成商、供应商、客户、科研院所等，这些参与主体不仅是各种利益的代表，而且是各种知识的拥有者。参与者的个人知识和组织知识的复杂性，也构成了参与主体的复杂性。

个人知识是研发团队成员所拥有的专业知识、工作技能、诀窍以及个人的生活常识和体验等能在个人工作中运用的知识。组织知识是能够表示出"组织记忆"的知识，包括产品开发技术文件、工程图纸、工程规程、产品开发流程及开发人员之间的默契和组织的经验等。从来源上，个人知识是组织知识的起点，离开了个人组织则无法产生知识；同时，因为个人只能具有各自领域的知识，单独并不能创造产品，所以组织知识是企业产品开发能力的直接体现。

创新任务的管理者既需要对他们进行利益协调，更需要进行积极的知识协调工作，以使个人知识和组织知识在社会化、外部化、组合化、内部化的螺旋转化过程中产生质的发展。

3. 知识管理过程的复杂性

研发团队的创新过程不仅包含了从个人知识到团队知识和从团队知识到个人知识这样两个相互依赖、相互作用的基本循环，还包含了基于创新任务的知识获取、知识共享、知识利用、知识创造等知识管理过程。研发团队的创新过程是一项高度依赖知识的活动，需要根据创新任务的进展，为不同经验背景的团队成员提供解决创新问题所需要的知识，并通过团队知识协同，快速有效地进行新产品开发。一方面需要以创新任务项目为载体对研发团队的知识活动过程进行具体管理；另一方面，任务执行过程中产生的新知识又需要在组织层面上进行及时更新，这就需要既考虑研发项目执行过程中创造的知识，又考虑知识在组织层面的应用和转移，其知识管理的过程比较复杂。

4.2 研发团队的知识管理活动域

1. 参与企业知识管理体系的构建

技术型企业的技术创新活动与其知识管理体系的建设是紧密结合的，组织的知识管理体系指组织在知识获取、知识存储、知识积累、知识共享、知识利用、知识创造等一系列的知识活动过程中形成有效的组织知识链。通过组织的知识管理可以促使组织知识的不断增值。一个成功的知识管理体系不仅要能对组织知识链中的各个环节进行管理，而且要能够优化各个环节之间的关联，使得知识成为组织永不枯竭的资源财富。企业的知识管理体系总体上包括知识管理软件部分和知识管理硬件部分。

知识管理软件分为组织制度和组织文化两个方面。组织制度包括制定组织的激励机制，以加强管理者对知识管理的重视并鼓励组织成员积极共享和学习知识。组织文化包括组织共享文化、团队文化、学习文化，帮助成员破除传统独占观念，加强科研和学习。

知识管理的硬件对应的是知识管理平台，它是一个支撑组织知识获取、吸收、存储、共享和利用的平台，通过因特网、内联网等技术工具将知识进行企业内部的集成，实现对组织知识的有效利用，为组织显性知识和隐性知识的相互螺旋转化提供支持。

企业知识管理体系的建立为企业的各项知识利用与知识创造活动提供支持，它将知识员工、信息、企业内部知识、技术工具有机地联系在一起，为研发团队以及研发团队间的知识共享和协作提供高密度的交流互动空间，有利于刺激研发团队的创造性。

2. 参与知识管理各环节的建设

研发团队应该依据企业的研发流程，在知识获取、知识共享、知识利用以及知识创造等知识管理环节积极参与。

在知识获取方面，研发团队首先需要明确知识的需求。例如，客户信息、行业标准、已有类似的研发项目的进展情况、成员的研发经历、技术发展前景等。然后需要明确知识源，即哪里有所需要的知识。企业外部知识可能来自科研机构、咨询顾问、供应链成员企业、竞争对手及非竞争性公司等，企业内部知识源主要是企业员工。然后再确定知识获取的策略与方法。例如，考虑自行研发，考虑让竞争者的研发人员参与进行合作创新，或者让客户、供应商参与研发团队的设计过程，也可与大学、科研院所签订合作协议等，以获取研发任务所必需的知识。对不同的知识类型，获取的方法不同。显性知识可以通过文件、程序、电子邮件、网络等方式获取。隐性知识很难文件化，获取要通过人与人之间的直接交流，有效途径是通过社会交往，如争论和讨论、非正式的面对面交流、学徒和直接观察、导师、头脑风暴会议等，隐性知识获取的效果取决于双方的关系、信任程度和时间长短。

在知识共享方面，知识发送者、知识接收者、知识共享的环境以及知识本身的特性等因素会对知识共享过程产生影响。由于在企业研发团队中，研发成员的成长环境以及知识背景不尽相同，甚至可能使用多种语言，而多学科团队之间的知识传递和共享更加困难，因此，分清要共享的知识的性质，选择适宜的方法才能达到知识的有效共享。借助于虚拟会议室、实践社区、电子邮件、电子公告板、消息传递等，可以帮助员工充分共享知识、交换意见、协同工作。而且借助于信息化知识共享系统，将团队成员的私有知识共享到研发管理平台，增加团队成员之间基于任务的共有知识，可以减少团队成员之间知识共享的交换成本，促进团队成员知识共享的可能性与积极性，便于形成知识共享的良好氛围。

在知识利用方面，知识可以留在组织内用于继续创造新知识，但这不是创造知识的最终目的。对获取的内外部知识资源充分利用，将其转化为市场认可的产品或服务等成果，为企业创造出经济价值，是知识管理水平的综合体现。知识利用是企业知识资源向创新成果转化的关键环节，是知识管理的出发点和落脚点。作为企业创新任务的具体执行单位，研发团队则需要对已经获取的知识进行合理的知识定位，选择恰当的利用方式，完成知识的在具体技术和产品上的实现以及市场价值的体现。

在知识创造方面，研发团队的所有成员，特别是核心成员的隐性知识与显性知识通过团队内部的知识交流实现知识的相互转化与新知识的创造。用于支持协调、沟通和合作而设计的管理信息系统，能够支持研发团队内部成员间的合作并促进个人之间的交流。另外，电子邮件和群体支持系统可以提高组织内部知识交流质量，能够促进知识创造的增长。也要看到的是，参与创造任务的核心人员一般是各个领域的专家，他们对自己专业领域的知识非常精通，但较难深入到其他领域中去，这会导致不能够很好地理解其他人的观点，引发任务冲突和关系冲突，影响知识创造及其适用性。因此，从组织管理上，研发团队的领导者要认清与合理引导成员间的任务冲突与关系冲突。

3. 参与企业知识库的建设

企业创新任务开展牵涉到许多的活动、人员、管理、工作方式及各种不同的专业与知识，知识密集度高且变动快。知识库是对组织研发过程知识进行管理的工具，是知识管理的基础。知识库的管理包括知识的存储、添加、删除、修改和检索等功能。

企业知识库为研发团队获取信息、知识共享、寻求解决方案及借鉴有关经验等提供支持，企业知识库内容可包括企业内各部门、各地分公司的内部资料；企业的人力资源状况；企业的主要竞争对手及合作伙伴的详细资料；企业客户的所有信息；与本企业相关的国际国内技术标准；企业内部研究人员的研究文献和研究报告；本企业及其他企业的产品、技术、市场、服务信息以及知识管理案例等。

最重要的是，企业研发团队工作过程中会产生大量的数据，并随着任务的执行而持续地更新，将研发及其过程管理的所有数据上传到企业知识库的相应管理模块中，对数据共享、融合就可以将研发的新成果归纳总结，进而形成专家知识库，为研发人员间、研发团队间的相互交流与新知识的共享，甚至为客户知识、供应商知识的融合与利用提供条件，为研发团队提供知识支持与创新的条件。

总之，研发团队的知识来源于信息，又高于信息，是经过系统化管理的技术与经验。研发团队的知识管理过程是典型的知识创新活动，只有加强知识管理，增加研发团队及其组织的知识量和提高产品的知识含量，才能提高组织的知识创新能力和技术核心能力。研发团队的知识管理实质上是对创新任务中参与成员的经验、知识、能力等因素的管理，实现知识共享并有效实现知识资产的价值，以促使创新任务的最终完成、促进组织的持续发展。

4.3　团队间知识资源投入决策的博弈分析

依据知识区位理论[137]，研发团队在某专业领域的知识位势，是该领域中知识广度和知识深度的函数[132,133]。知识广度的拓宽有助于创新过程中新概念与新思想的产生。[136]知识深度的拓延有利于降低创新过程中的知识转移成本[134,135]。团队具有相近的知识广度[139]，且其各异及互补性的知识深度[137]，是团队间知识学习与合作创新的客观基础。党兴华、李莉从知识位势角度出发构造了知识创造的 O-KP-PK 模型，定性描述了技术创新合作中，高知识位势主体与低知识位势主体间的知识创造过程[23]，但并未见后续定量细致的研究，以继续探索知识位势对合作创新影响的微观机理。郑秀榆、张玲玲研究了知识转移与共享的过程和障碍分析，提出了应针对高、低知识位势员工的类型引入不同的激励方式。[175]蔡珍红在考虑科研团队成员知识位势的基础上，通过分析隐性知识分享中的博弈行为，进行了隐性知识分享的分类激励机制的设计。[176]这些研究表明，不同知识位势主体对合作创新的过程会产生相异的影响。因此，有必要以知识区位理论为基础，对研发团队合作创新的微观机理进行深入研究。

4.3.1　参数描述与模型构建

（1）假定团队 1 拟投入的知识位势水平为 $K_1 = x_{KP}$，团队 2 拟投入的知识位势水平为 $K_2 = \theta x_{KP}$，此处用 θ（$0 < \theta \leqslant 1$）来区分两支团队知识投入的不同。

（2）用函数 $Y_{KP} = \eta x_{KP}^{\gamma} (\theta x_{KP})^{1-\gamma}$，定义合作系统的知识产出，作为合作系统创新绩效的衡量指标。弹性系数 γ，反映团队 1 的知识位势对合作系统知识产出的重要程度；弹性系数 $1-\gamma$，反映团队 2 的知识位势对合作系统知识产出的重要程度。其中 η 为正常数，表示合作过程中团队探索性学习与利用性学习的能力、团队合作气氛，团队与任务的匹配效果等因素对知识产出的综合影响。

（3）定义 β_1 为团队 1 的边际收益，即合作系统的单位知识产出转化为团队 1 的盈利能力。那么团队 1 参与知识创新的收益为 $S_{IV_1} = \beta_1 \eta x_{KP}^{\gamma} (\theta x_{KP})^{1-\gamma}$。

系数 β_2 的含义类似。

(4) 团队间互动的合作信任系数 p（$0 < p \leqslant 1$）。在合作创新过程中，由于任务复杂性、团队与任务的匹配程度等原因，可能产生实际的创新产出与预期的水平不完全一致而导致联盟合作终止等风险，因此用合作信任系数来表示知识联盟合作的信任与顺利程度。

(5) 团队 1 的合作投入意愿为 b_{12}，那么 $C_1 = \dfrac{b_{12}}{2}(x_{KP})^2$ 表示团队 1 对合作系统知识学习的投入成本，即合作投入意愿越高，需要付出的成本越多，其中 $b_{12} > 0$。同理：$C_2 = \dfrac{b_{21}}{2}(\theta x_{KP})^2$。

基于上述假设，知识位势视角下的团队合作创新系统中，可用知识创新的收益 S_{IV_i}、创新投入成本 C_i 两者的矢量和来表示研发团队的期望绩效；任务型合作研发系统的期望绩效 S 可用两支团队的期望绩效之和表示，模型如下。

研发团队 1 的期望绩效函数为

$$S_1 = S_{IV_1} - C_1 = p\beta_1 \eta x_{KP}^\gamma (\theta x_{KP})^{1-\gamma} - \frac{b_{12}}{2} x_{KP}^2 = p\beta_1 \eta K_1^\gamma K_2^{1-\gamma} - \frac{b_{12}}{2} K_1^2 \qquad (4.1)$$

研发团队 2 的期望绩效函数为

$$S_2 = S_{IV_2} - C_2 = p\beta_2 \eta x_{KP}^\gamma (\theta x_{KP})^{1-\gamma} - \frac{b_{21}}{2} (\theta x_{KP})^2 = p\beta_2 \eta K_1^\gamma K_2^{1-\gamma} - \frac{b_{21}}{2} K_2^2 \qquad (4.2)$$

任务型合作研发系统的期望绩效函数为

$$S = S_1 + S_2 = p\beta_1 \eta K_1^\gamma K_2^{1-\gamma} + p\beta_2 \eta K_1^\gamma K_2^{1-\gamma} - \frac{b_{12}}{2} K_1^2 - \frac{b_{21}}{2} K_2^2 \qquad (4.3)$$

4.3.2 模型分析

1. 非均势知识位势博弈

在团队合作创新初始时，基于两个团队已投入创新任务中的知识位势存在较大的差异（$\theta \ll 1$，即 $K_2 \ll K_1$ 时[❶]），高知识位势团队在合作过程中占

---

❶ 笔者在本书中用"$\ll$"表达"远远小于"的意义。

有较强势地位，低知识位势团队居于弱势。但双方为了合作系统所担负目标的顺利实现，都会尽力工作，以及会充分发挥团队合作的优势，开展知识共享与知识利用，以实现知识生产绩效的最大化。

针对非均势知识位势博弈过程的研究，采用 Stackelberg 主从博弈分析法[177]，其均衡值可以为管理者提供决策指导。双方分两个阶段进行，首先高知识位势团队先确定投入创新合作系统的知识存量 K_1，然后低知识位势团队再确定投入创新合作系统的知识存量的最优值 K_2，以作为对高知识位势团队知识投入决策的反应。

那么，在高知识位势团队确定 K_1 的情况下，低知识位势团队的目标函数及最优化问题为

$$\max S_2 = p\beta_2 \eta K_1^\gamma K_2^{1-\gamma} - \frac{b_{21}}{2}K_2^2 \tag{4.4}$$

高知识位势团队的最优化问题为

$$\max S_1 = p\beta_1 \eta K_1^\gamma (b_{21}^{-1} p\beta_2 \eta K_1^\gamma \eth (1-\gamma))^{\frac{1-\gamma}{1+\gamma}} - \frac{b_{12}}{2}K_1^2 \tag{4.5}$$

顺序求解式（4.4）、式（4.5）的最优化一阶条件，可得

$$K_1^* = \left(\frac{2\gamma}{1+\gamma}\right)^{\frac{1+\gamma}{2}} (1-\gamma)^{\frac{1-\gamma}{2}} p\eta\beta_1^{\frac{1+\gamma}{2}}\beta_2^{\frac{1-\gamma}{2}} b_{12}^{-\frac{1+\gamma}{2}} b_{21}^{-\frac{1-\gamma}{2}} \tag{4.6}$$

$$K_2^* = \left(\frac{2\gamma}{1+\gamma}\right)^{\frac{\gamma}{2}} (1-\gamma)^{\frac{2-\gamma}{2}} p\eta\beta_1^{\frac{\gamma}{2}}\beta_2^{\frac{2-\gamma}{2}} b_{12}^{-\frac{\gamma}{2}} b_{21}^{-\frac{2-\gamma}{2}} \tag{4.7}$$

$$S_1^* = \frac{1}{1+\gamma}\left(\frac{2\gamma}{1+\gamma}\right)^\gamma p^2\eta^2\beta_1^{1+\gamma} b_{12}^{-\gamma} ((1-\gamma)\ \beta_2 b_{21}^{-1})^{1-\gamma} \tag{4.8}$$

$$S_2^* = \frac{1+\gamma}{2}\left(\frac{2\gamma}{1+\gamma}\right)^\gamma p^2\eta^2\beta_1^{\gamma} b_{12}^{-\gamma}\beta_2^{2-\gamma} ((1-\gamma)\ b_{21}^{-1})^{1-\gamma} \tag{4.9}$$

$$S^* = \left(\frac{1}{1+\gamma}\beta_1 + \frac{1+\gamma}{2}\beta_2\right)\left(\frac{2\gamma}{1+\gamma}\right)^\gamma p^2\eta^2\beta_1^{\gamma} b_{12}^{-\gamma} ((1-\gamma)\ \beta_2 b_{21}^{-1})^{1-\gamma} \tag{4.10}$$

同时可计算出 $S_{IV_1}^*$，C_1^*，$S_{IV_2}^*$，C_2^* 的值，见表4.1。

表 4.1　非均势知识位势博弈均衡值

高知识位势团队	低知识位势团队
$S_{IV_1^*} = \left(\dfrac{2\gamma}{1+\gamma}\right)^{\gamma}(1-\gamma)^{1-\gamma}p^2\eta^2\beta_1^{1+\gamma}b_{12}^{-\gamma}\beta_2^{1-\gamma}b_{21}^{-1+\gamma}$	$S_{IV_2^*} = \left(\dfrac{2\gamma}{1+\gamma}\right)^{\gamma}(1-\gamma)^{1-\gamma}p^2\eta^2\beta_1^{\gamma}b_{12}^{-\gamma}\beta_2^{2-\gamma}b_{21}^{-1+\gamma}$
$C_1^* = \dfrac{\gamma}{1+\gamma}\left(\dfrac{2\gamma}{1+\gamma}\right)^{\gamma}(1-\gamma)^{1-\gamma}p^2\eta^2\beta_1^{1+\gamma}b_{12}^{-\gamma}\beta_2^{1-\gamma}b_{21}^{-1+\gamma}$	$C_2^* = \dfrac{1}{2}\left(\dfrac{2\gamma}{1+\gamma}\right)^{\gamma}(1-\gamma)^{2-\gamma}p^2\eta^2\beta_1^{\gamma}b_{12}^{-\gamma}\beta_2^{2-\gamma}b_{21}^{-1+\gamma}$

由 $\dfrac{\partial K_1^*}{\partial p}>0$，$\dfrac{\partial K_1^*}{\partial \beta_1}>0$，$\dfrac{\partial K_1^*}{\partial b_{12}}<0$ 可知，合作信任系数 p、团队的边际收益 β_1 等的增加有利于提高其知识投入，合作投入意愿度 b_{12} 的增加则会降低该团队的知识投入；弹性系数 γ 的增加对其知识投入的增减无太大影响。由 $\dfrac{\partial K_2^*}{\partial p}>0$，$\dfrac{\partial K_2^*}{\partial \beta_2}>0$，$\dfrac{\partial K_2^*}{\partial b_{21}}<0$ 可知，合作信任系数 p、低知识位势团队的边际收益 β_2 等的增加有利于提高其知识投入，合作投入意愿度 b_{21} 的增加则会降低其知识投入；弹性系数 $(1-\gamma)$ 的增加有利于增加其知识投入。

由均衡值结果可知 $S_1^* = \gamma^{-1}C_1^* = (1+\gamma)^{-1}S_{IV_1}^*$ 成立，即高知识位势团队获得的净收益是其知识投入成本的 γ^{-1} 倍。低知识位势团队参与创新的收益 $S_{IV_2}^*$ 与其对合作创新系统的投入成本之间存在 $\dfrac{S_{IV_2}^*}{C_2^*} = 2(1-\gamma)^{-1}$ 的倍数关系，即随着 γ 的增加，低知识位势团队的净收益与成本之比呈增加的趋势，且由 $S_2^* = \dfrac{1+\gamma}{1-\gamma}C_2^*$ 可知，其获得的净收益恒大于其知识投入成本。因此，相比较而言，弹性系数 γ 对低知识位势团队单位成本的知识收益的影响更为敏感，即低位势团队比较关注自身的知识收益与成本问题。

2. 均势知识位势博弈

当两支研发团队拟投入创新任务中的知识位势大致相当时，双方则以合作系统的整体绩效最大化为目标来确定各自的知识投入 K_1 与 K_2，即有

$$\max S = S_1 + S_2 = p\beta_1\eta K_1^{\gamma}K_2^{1-\gamma} + p\beta_2\eta K_1^{\gamma}K_2^{1-\gamma} - \frac{b_{12}}{2}K_1^2 - \frac{b_{21}}{2}K_2^2 \quad (4.11)$$

据最优化一阶条件，可得到帕累托最优知识投入 K_1^{**}，K_2^{**} 以及创新绩效值为

$$K_1^{**} = p\eta \ (\beta_1 + \beta_2) \ b_{12}^{-\frac{1+\gamma}{2}} \gamma^{\frac{1+\gamma}{2}} b_{21}^{-\frac{1-\gamma}{2}} \ (1-\gamma)^{\frac{1-\gamma}{2}} \qquad (4.12)$$

$$K_2^{**} = p\eta \ (\beta_1 + \beta_2) \ b_{12}^{-\frac{\gamma}{2}} \gamma^{\frac{\gamma}{2}} b_{21}^{\frac{\gamma-2}{2}} \ (1-\gamma)^{\frac{2-\gamma}{2}} \qquad (4.13)$$

$$S_1^{**} = p\beta_1 \eta^3 \varphi^2 b_{12}^{-\gamma-\frac{1}{2}} \gamma^{\gamma+\frac{1}{2}} b_{21}^{\gamma-\frac{3}{2}} \ (1-\gamma)^{-\gamma+\frac{3}{2}} - \frac{1}{2}\eta^2\varphi^2 b_{12}^{-\gamma} \gamma^{1+\gamma} b_{21}^{-1+\gamma} \ (1-\gamma)^{1-\gamma}$$

$$(4.14)$$

$$S_2^{**} = p\beta_2 \eta^3 \varphi^2 b_{12}^{-\gamma-\frac{1}{2}} \gamma^{\gamma+\frac{1}{2}} b_{21}^{\gamma-\frac{3}{2}} \ (1-\gamma)^{-\gamma+\frac{3}{2}} - \frac{1}{2}\eta^2\varphi^2 b_{12}^{-\gamma} \gamma^{\gamma} b_{21}^{-1+\gamma} \ (1-\gamma)^{2-\gamma}$$

$$(4.15)$$

$$S^{**} = \eta^3 \varphi^3 b_{12}^{-\gamma-\frac{1}{2}} \gamma^{\gamma+\frac{1}{2}} b_{21}^{\gamma-\frac{3}{2}} \ (1-\gamma)^{-\gamma+\frac{3}{2}} - \frac{1}{2}\eta^2\varphi^2 b_{12}^{-\gamma} \gamma^{\gamma} b_{21}^{-1+\gamma} \ (1-\gamma)^{1-\gamma}$$

$$(4.16)$$

其中，$\varphi = p \ (\beta_1 + \beta_2)$。同时，可计算出 $S_{IV_1}^{**}$，C_1^{**}，$S_{IV_2}^{**}$，C_2^{**} 的值，见表4.2。

表4.2　均势知识位势博弈均衡值

团队1	团队2
$S_{IV_1}^{**} = \beta_1 \eta^3 p^3 \ (\beta_1+\beta_2)^2 b_{12}^{-\gamma-\frac{1}{2}} \gamma^{\gamma+\frac{1}{2}} b_{21}^{-\frac{3}{2}} \ (1-\gamma)^{-\gamma+\frac{3}{2}}$	$S_{IV_2}^{**} = \beta_2 \eta^3 p^3 \ (\beta_1+\beta_2)^2 b_{12}^{-\gamma-\frac{1}{2}} \gamma^{\gamma+\frac{1}{2}} b_{21}^{-\frac{3}{2}} \ (1-\gamma)^{-\gamma+\frac{3}{2}}$
$C_1^{**} = \frac{1}{2}\eta^2 p^2 \ (\beta_1+\beta_2)^2 b_{12}^{-\gamma} \gamma^{1+\gamma} b_{21}^{-1+\gamma} \ (1-\gamma)^{1-\gamma}$	$C_2^{**} = \frac{1}{2}\eta^2 p^2 \ (\beta_1+\beta_2)^2 b_{12}^{-\gamma} \gamma^{\gamma} b_{21}^{-1+\gamma} \ (1-\gamma)^{2-\gamma}$

由 $\dfrac{\partial K_1^{**}}{\partial p} > 0$，$\dfrac{\partial K_1^{**}}{\partial \beta_1} > 0$，$\dfrac{\partial K_1^{**}}{\partial \gamma} > 0$ 可知，合作信任系数 p、合作的边际收益 β_1、收益弹性系数 γ 皆有利于提高团队1的知识投入，由 $\dfrac{\partial K_1^{**}}{\partial b_{12}} < 0$ 可知，合作投入意愿度 b_{12} 的增加则会降低该团队的知识投入。因子 p，β_2，b_{21}，$1-\gamma$ 对团队2知识位势 K_2^{**} 的影响与团队1类同。

由均衡值结果可知，团队1参与创新的收益 $S_{IV_1}^{**}$ 与其在合作创新系统的投入成本之间存在 $\dfrac{S_{IV_1}^{**}}{C_1^{**}} = 2p\eta\beta_1 b_{12}^{-\frac{1}{2}} b_{21}^{-\frac{1}{2}} \ (1-\gamma)^{\frac{1}{2}} \gamma^{-\frac{1}{2}}$ 的关系，那么随着 γ 的增加，其单位成本的知识收益会逐步降低。团队2参与创新的收益 $S_{IV_2}^{**}$ 与其

在合作创新系统的投入成本之间存在 $\dfrac{S_{IV_2}^{**}}{C_2^{**}} = 2p\eta\beta_2 b_{12}^{-\frac{1}{2}} b_{21}^{-\frac{1}{2}}\ (1-\gamma)^{-\frac{1}{2}}\gamma^{\frac{1}{2}}$ 的倍

数关系，随着 $1-\gamma$ 的降低，其单位成本的知识收益会逐步增加。即在知识位

势均势情境的合作系统中，一方收益弹性的增加，会使对方单位成本的知识

收益加大，可见两团队对知识收益与投入成本都比较敏感。

3. 非均势与均势情境下纳什均衡比较

结合本节前两部分的分析，在合作创新系统中，两团队知识位势处于非

均势与均势情境下的结果，可从以下两点作进一步的综合分析。

（1）两种情境下，仅考虑由弹性系数 γ 的变化，而发生的两团队知识投入

关系的演变。由均衡值可得 $\dfrac{K_1^*}{K_2^*} = \left(\dfrac{2\gamma\beta_1 b_{21}}{(1-\gamma^2)\ \beta_2 b_{12}}\right)^{1/2}$ 和 $\dfrac{K_1^{**}}{K_2^{**}} = \left(\dfrac{\gamma b_{21}}{(1-\gamma)\ b_{12}}\right)^{1/2}$，

此知识位势关系可仿真如图 4.1 所示。

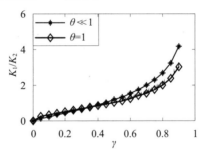

图 4.1　团队间知识位势比值关系的仿真结果

依图可见，随着 γ 的增加，非均势情境下团队间的知识投入较均势情境

变化更加明显。在非均势情境中，高位势团队的知识投入的比例增长较快，

在 γ 较小时，即出现 K_1 水平开始超越 K_2；而在均势知识位势合作过程中，

团队 1 弹性系数 γ 的变化使两者知识投入的比例增长呈现互为对立的局面，

如 $\dfrac{\gamma}{1-\gamma} > 1$ 时，即 $\gamma > 0.5$ 时，K_1 明显大于 K_2，而当 $\dfrac{\gamma}{1-\gamma} < 1$ 时，即 $\gamma < 0.5$ 时，

K_2 明显大于 K_1，$\gamma = 0.5$ 时，$K_1 = K_2$，表 4.4 中数据也说明了这一点。

（2）不同知识位势团队的收益与成本之比 S_{IV_i}/C_i 有较明显的不同，如

图 4.2 所示。

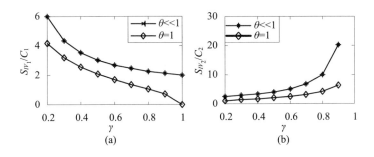

图 4. 2　团队的收益与成本之比

（a）高位势团队；（b）低位势才队

　　对于高知识位势团队，其 $S_{IV_1}^*/C_1^*$ 值随着弹性系数 γ 的增加而减少，这说明高位势团队对合作创新系统做的贡献越大，其单位投入的收益相对越小；与均势情形相比较，非均势情形下 $S_{IV_1}^*/C_1^*$ 的值更大。对于低知识位势团队，其 $S_{IV_2}^*/C_2^*$ 值随着弹性系数 γ 的增加而增加，这说明高知识位势团队对合作系统做的贡献越大，低知识位势团队单位投入的收益相对越大，这能使其从合作中获取相对更高的收益；与均势情形相比较，非均势情形下 $S_{IV_2}^*/C_2^*$ 的值更大。

4. 3. 3　算例仿真

　　为了更准确直观地分析团队的知识投入、期望绩效函数在研发团队合作创新过程中的演化规律，下面采取数值模拟来直观化其变化过程，以便于观察系统合作创新问题的关键。设研发团队 1 的参数 $p=0.8$，$\beta_1=0.5$，$b_{12}=1$，研发团队 2 的参数 $\beta_2=0.5$，$b_{21}=1$，常数 $\eta=2.6$，仿真结果见表 4. 3、表 4. 4。

表 4. 3　非均势知识位势情境的仿真结果

γ	K_1^*	K_2^*	$\dfrac{K_1^*}{K_2^*}$	$\dfrac{S_{IV_1}^*}{C_1^*}$	$\dfrac{S_{IV_2}^*}{C_2^*}$	S_1^*	S_2^*	S^*
0. 2	0. 492	0. 762	0. 646	6. 000	2. 500	0. 605	0. 436	1. 041
0. 3	0. 555	0. 684	0. 812	4. 333	2. 857	0. 514	0. 434	0. 948
0. 4	0. 603	0. 618	0. 976	3. 500	3. 333	0. 455	0. 446	0. 900

γ	K_1^*	K_2^*	$\dfrac{K_1^*}{K_2^*}$	$\dfrac{S_{IV_1}^*}{C_1^*}$	$\dfrac{S_{IV_2}^*}{C_2^*}$	S_1^*	S_2^*	S^*
0.5	0.645	0.559	1.155	3.000	4.000	0.416	0.468	0.885
0.6	0.688	0.502	1.369	2.667	5.000	0.394	0.505	0.899
0.7	0.736	0.444	1.659	2.429	6.667	0.387	0.559	0.946
0.8	0.796	0.378	2.108	2.250	10.000	0.396	0.642	1.038
0.9	0.881	0.286	3.078	2.111	20.000	0.431	0.777	1.208
变化	↗	↘	↗	↘	↗	↘↗	↗	↘↗

表 4.4 均势知识位势情境的仿真结果

γ	K_1^{**}	K_2^{**}	$\dfrac{K_1^{**}}{K_2^{**}}$	$\dfrac{S_{IV_1}^{**}}{C_1^{**}}$	$\dfrac{S_{IV_2}^{**}}{C_2^{**}}$	S_1^{**}	S_2^{**}	S^{**}
0.2	0.724	1.449	0.500	4.160	1.040	0.829	0.042	0.871
0.3	0.839	1.282	0.655	3.177	1.362	0.767	0.297	1.064
0.4	0.940	1.151	0.816	2.548	1.698	0.683	0.462	1.145
0.5	1.040	1.040	1.000	2.080	2.080	0.584	0.584	1.168
0.6	1.151	0.940	1.225	1.698	2.548	0.462	0.683	1.145
0.7	1.282	0.839	1.527	1.362	3.177	0.297	0.767	1.064
0.8	1.449	0.724	2.000	1.040	4.160	0.042	0.829	0.871
0.9	1.677	0.559	3.000	0.693	6.240	−0.431	0.819	0.388
变化	↗	↘	↗	↘	↗	↘	↗	↗↘

算例仿真结果表明如下。

（1）在非均势情境下，随着弹性系数 γ 的增加，高位势团队的知识投入缓慢增加，低位势团队的知识投入有降低趋势，说明在合作系统中研发团队创新地位的提升会促进其知识投入的增长；在均势情境下，弹性系数 γ 增加使得团队 1 的知识位势有明显增加，团队 2 的知识位势有降低趋势，且在 $\gamma = 1 - \gamma = 0.5$ 时 $K_1^{**} = K_2^{**}$，说明对系统知识产出影响力的增加有助于团队知识投入的提升。

（2）在非均势情境下，团队 1 参与合作与创新的收益 $S_{IV_1}^{**}$ 与其在合作创新系统的投入成本之间的比值为 $\gamma^{-1}(1+\gamma)$，而在均势情境下，随着弹性系数 γ 的增加，团队 1 参与合作与创新的收益 $S_{IV_1}^{**}$ 与其在合作创新系统的投入成本之间的比值也是降低的趋势，且较非均势情境更低。

（3）在非均势情境下，当两团队的收益弹性系数相等，即 $\gamma = 1 - \gamma = 0.5$ 时，合作创新系统的整体期望绩效最小；在均势情境下，当两团队的收益弹性系数相等，即 $\gamma = 1 - \gamma = 0.5$ 时，合作创新系统的整体期望绩效最大。

4.3.4　管理启示

基于知识区位理论，利用博弈论的方法对构建的合作创新绩效模型进行研究，分析结果对研发团队确定知识投入、确定知识创新收益、选择知识创新努力水平等方面有以下管理启示。

（1）团队知识资源在合作系统产出中的重要性增加，团队的知识投入量也随着增加，所不同的是非均势知识位势情境下高位势团队的知识投入量相对更高一些。因此，如果团队参与合作创新的目的包含增加自身的知识位势，那么宜选择知识位势远大于己方的团队为合作伙伴，通过各种沟通渠道，促使创新知识在合作中分享与吸收，提高己方团队的知识广度和知识深度。

（2）团队的边际收益、知识创新的努力水平皆有利于提高团队知识投入。同时，两团队知识创新收益的比值与两团队各自的边际收益、知识创新努力水平有关。可见，边际收益与知识创新的努力水平的增长促使团队知识投入增长的过程中，团队知识创新收益也得以提高。

（3）知识位势及其均势与否影响着研发团队单位知识成本的知识收益的大小。若研发团队希望自身的努力对合作系统能有所贡献，同时也非常在意收益与投入成本，则团队宜选择知识位势远远大于己方的团队为合作伙伴，这种合作方式不会影响合作伙伴即高知识位势团队的收益，同时也有利于自身单位成本知识收益的增加。

4.4　支持研发团队创新的知识管理实践机制

组织研发团队为多科门类知识的有效交互提供了交流与发展的平台，推动了知识创新和知识转化。知识管理有助于提高知识交流和创新效率，是组织研发团队创新能力培养的一种重要手段。下面从 5 个方面论述支持组织研发团队创新的知识管理实践策略。

（1）构建异质型研发团队，重视知识源的管理。研发团队具有成员知识结构异质、技能互补的特征，合作成员基于自己惯用的研究视角和方法，提出解决问题的方式，很有可能产生研究视角和方法上的冲突。但这为成员改变已有的视角，孕育可能的创新提供了契机，团队领导人需要鼓励成员，为团队成员可能的创新研究创造条件。研发团队具有成员学科背景异质的特征，合作成员基于各自的经验与知识背景提出的各种新思想是相异的，团队领导人需要鼓励成员"异想天开"，重视这些具有原创性的思想，通过群体思考对其进行合理评判，识别出最有前瞻性的研究思想，在冲突管理中选择各种可行选题，激发研究者的思维创新。

（2）倡导研发团队成员的互动，重视知识流的管理。研发团队的互动使得知识共享成为团队知识的输入端，知识开发成为团队知识的输出端，知识输入输出的循环往复成为创造新知识的流。彼得·圣吉曾指出，未来唯一持久的优势，或许是具备比你的竞争对手学习得更快的能力，使研发团队保持快速学习能力和旺盛创造力的一个重要策略，即是使个人及团队的显性知识和隐性知识在成员互动过程中延伸、再造和开发利用。

研发团队成员在思想的交流过程中，可能产生新的思维方法，而对成员的研究有所启发，经过文献查阅、知识识别后，进行相关知识的学习与消化、吸收，团队成员在共同学习新知识的过程中，把自己的学习感悟、对新知识的理解通过交流而产生融合，有利于新思维的充分延展，或者再次产生新的想法，这种循环过程非常有利于研究、攻关的顺利开展，有利于研发团队在交流、学习、创新、再交流、再学习、再创新中提升科研创新能力。

团队互动不是仅局限于封闭的团队内部，通过开放的交流机制，淘汰不合适的人员，吸引新人加入，或者鼓励研发团队与其他团队进行人员、信息交流，刺激研发团队的创新思维与创新成果不断涌现。

（3）营造和谐、平等、信任的团队创新环境。诺贝尔奖获得者李远哲教授曾对北大学子说，关键的问题是需要有一个肥沃的土壤，即人才成长的环境和科学创造的环境。有了原始创新思想以及能够让其萌发、生长的土壤才能结出科研硕果。团队和谐、学术平等、知识共享的研发团队氛围是孕育原始创新思想的土壤之一。无论是团队领导者，还是科研骨干，抑或一般科研成员，不同学科背景、不同研究水平的人在轻松随意的氛围和环境中，如周末晚餐、喝茶、文体活动等，增强情感沟通，有助于构建和谐的团队氛围。在和谐的研究团队和能激发灵感的学术氛围中，都积极加入科研对话，有利于共同分享创新思维与科研经验，为获得其他人的内隐知识提供了宝贵的机会。研发团队倡导不存在绝对的知识权威，团队学术带头人充分尊重每个人提出的原创性的思想，不给以断然评论，在团队的充分交流中展示每个人的思想，对具有前瞻性的选题给予继续深入研究的机会。有创新思想的个体是研发团队创新的前提，营造适合创新的环境是实现研发团队创新的保障。

（4）在成员—任务互动中进行团队反思。团队反思是一种团队管理风格，在高水平团队反思的环境中，研发团队内部的各种原创性的思想都会得到充分的考虑和合理的处置，而团队成员的思想也会更具有发散性与原创性。团队反思能力的形成是在知识获取、知识转移、知识创造和知识应用的循环往复的过程中形成的，是在理论研究与工程实践的循环往复的过程中形成的。团队只有经过反思之后，才能形成更深层次的理论素养与实践能力。合理的团队冲突和有效的冲突管理，安全、信任的研发团队环境，制订较为详细的科研工作计划并经常评估、纠正计划的执行结果等都有助于培养研发团队的团队反思能力。

（5）建立激励团队持续发展的薪酬模式。研发团队的激励应以把握关注团队整体的科研业绩为主，关注成员个人的科研业绩为辅的原则，以激励团队中的每个成员高度合作，取得尽可能高的协同绩效；在关注团队及个人科研结果的同时，也需关注团队及个人在科研过程中的知识、能力的提高程度来进行奖励。研发团队在发展过程中，不断探索团队绩效考核体系，兼顾团队绩效与个人绩效，对科研资源进行统筹规划和合理共享，吸收并吸引部分其他研发团队相近研究方向的技术骨干，可以增强团队的研究力量，活跃研发团队的创新思想，有助于创造出有影响的研究成果。

4.5 案例：某装备制造企业技术研发的知识管理

太重集团始建于 1950 年，是新中国自行设计、建造的第一座重型机器厂，2005 年进入中国制造业 500 强，2008 年胜利跨入了百亿企业的行列。太原重工设计、制造生产的产品广泛用于冶金、矿山、电力、能源、交通、航天、化工、环保等行业，多项产品填补国家空白，许多产品荣获国优金奖。现在，太重集团拥有重大技术装备自主研发和工程总承包能力，建有国家级技术中心和博士后工作站。

2002 年年初，太重技术中心被国家经贸委、财政部、国家税务总局、海关部署认定为国家级企业技术中心；国家人事部、全国博士后管理委员会批准太重设立博士后科研工作站；国家知识产权局、国家经济贸易委员会批准太重成为全国企业专利试点示范企业。太重技术中心在充分发挥自己技术人员积极性的基础上，与清华大学、上海交通大学、东北大学、太原科技大学等国内知名院校成立了产品联合研究室，实行科研成果共享；与国外公司联合投标，共同开发国际国内市场；聘用德国、奥地利专家作为产品制造监理，按照国际标准生产制造；聘请了德国退休工程师，担任主任设计师，直接利用国外技术提高我们的产品水平。通过这些措施，大大提高了技术中心的研发能力和水平。

国家发改委公布了 2013 年国家级企业技术中心年度评价结果，太重技术中心在全国 887 家国家级技术中心评价中排名第 9 位，跻身于全国国家级技术中心十强，位居全国重型机械行业首位。太重技术中心于 2001 年正式成为国家级技术中心，2003 年首次排名第 193 位，2011 年位列第 12 名，显示出企业较强的创新能力和技术水平。下面从企业重视人才培养与人才引进、创新设计组织模式、文件资料管理规范、重视技术培训工作等方面介绍太重技术中心的研发管理经验。

1. 重视人才培养与人才引进

太重集团企业技术中心通过创新事业吸引和凝聚人才，推进创新实践中识别和造就人才，使各方面创新人才大量涌现，建立了与创新型企业相适应的科技研发队伍。

重视对年轻人和新人的培养工作。将重要的新产品开发设计任务让年轻设计师主导，敢于给年轻人压担子，产品设计开发中年轻主任设计师占到45%以上，完成图纸65%左右。2011 年，约有 10 名年轻人填充到科级管理岗位上。对近几年入职工作的技术人才，举办多种形式的座谈会，为他们量身定做系列专题培训，通过内部专业培训、技术交流、外部培训等方式，在技术中心的各个研发团队营造以学习带动创新的良好氛围。

积极引进成熟型高层次人才。技术中心鼓励和支持各所室大胆创新，在国内外同行中寻觅优秀人才，在新产品开发中，各专业通过外聘专家和产学研合作，快速攻克了系列技术难题，进一步掌握了核心技术。围绕新产品、新领域开发计划，利用一切手段"引智借脑"，聚拢人才。充分利用国家千人计划和山西省海外高层次人才创新创业基地等人才政策，结合公司转型跨越发展战略，大力引进海内外成熟型高层次人才。

不断完善人才开发和人才激励机制。引入岗位竞争机制，加大综合考核力度，通过考核管理与经济刺激相结合的模式，形成与创新型企业相匹配的人才成长有通道、激励有力度，人尽其才、才尽其用、用酬相当的人才开发体制。

2. 创新设计组织模式

重视研发中心机、电、液、传各专业工作进度和各专业工作任务的综合协调工作，注重解决技术任务和人力资源管理的关系。针对批量大、台数多的项目，采取项目分类合并、一人多台负责制运行模式；在保证设计统一性的同时，提高设计速度。针对设计周期短、任务急的项目，采取提前提供材料、毛坯及主要外购件清单的交叉作业方式，以满足供货周期要求。特别重视对出口产品、新产品、重点产品的设计工作和人力资源的保证。

3. 文件资料管理规范

搭建了中心信息平台，更加便捷了中心内部信息交流，推行"一体化工作平台"，进一步规范办公流程，日常管理各个环节有效衔接。完善技术中心保密管理规定、档案资料工作管理规定，规范了图纸资料的入库和使用。

高度重视软件资料整理工作。各所室按产品分类，将产品说明书、设计计算书、安装调试指导书等制作出标准模板，且协调好设计速度与设计质量之间的矛盾。严格入库完工报告制度，明确规定：机、电、液、传全部图纸文件入库后才能结算。各所室负责人要严把完工项目审批关，要合理安排进度。

加强文件资料管理，建立技术管理考核制度。高度重视联系单、改图单、传真、会议纪要以及交流资料和出厂资料的严谨性，按照要求归档管理。中心所有计算机采用注册加密方式进行管理；对外交流资料经过解密存档，通过企业邮箱传递；中心内部资料打印实行服务器统一监管并留存档案。不断完善 PDM 产品数据管理平台和办公自动化平台建设，提高中心信息资源整合管理力度。

产品开发的过程管理包含对知识的管理，通过明确产品研发计划的各阶段目标，并以文档资料的方式将各个阶段的成果予以记录，有利于新产品开发的知识和经验积累，形成一个共享的知识平台，便于企业的知识管理。

4. 重视技术培训工作

中心不断加大对基础研究的投入，基础培训中心已完成建设并投入使用。加强对新产品开发中设计方法、基础理论的研究和基础知识培训工作。聘请高校专业教师进行系统化的理论培训，严把培训考核环节，同时紧跟专业发展最新动态。同时，技术研发中心也重视对技术创新方法的培训，聘请北京航空航天大学机械制造及自动化博士、国内知名 TRIZ 理论专家对新产品开发、工艺设计等岗位的技术骨干进行培训。对 TRIZ 理论的学习与运用，教会了研发人员突破了日常工作中解决问题的传统思维模式，学会了尝试从不同角度分析问题、进行理性的逻辑思维，提高了在新产品开发中分析问题、解决问题的能力。

中心不断加大对新技术培训力度。注重对近几年入职的高素质大学生及广大年轻设计人员的培养,广泛开展形式多样的内外部专业培训,采取"走出去"和"引进来"相结合的模式,加大对基础知识的巩固和深化了解,充分发挥年轻人的综合优势,培养技术水平过硬、具备国际视野的优秀人才队伍。重视成套和工艺技术专业人员培养和储备工作。三维设计标准件库进一步完善,入库比例大幅提高。仿真技术应用不断成熟,在各主机产品对外投标报价中均实现了三维演示。

企业技术研发中心知识管理的对象是人和知识,这也正是企业研发管理的主要内容。参与新产品研发的人员都是掌握不同专业技能的专家,对他们的管理与一般的技术工人不同。在对员工的管理方面,知识管理的主要研究对象是"知识型工人",知识管理中对人的管理的基本思想和方法适合于新技术、新产品研发项目中的员工管理。

4.6 本章小结

技术型企业及其研发团队需要对合作学习产生的新知识以及原有的知识资源进行知识管理。首先,对研发团队知识管理的内涵及其特征进行了分析。其次,提出研发团队应该参与的各项知识管理活动,有利于为研发团队的创新工作提供持续更新的知识源。再次,将表征研发团队知识资源结构与存量的团队知识位势作为一个重要的研究变量,构建研发团队间合作创新的绩效模型,从而分析不同知识位势团队在两种博弈情形下的创新投入决策。然后,提出了支持研发团队创新的知识管理实践机制。最后,以某装备制造企业为例,介绍了其技术中心的知识管理经验。

第5章 研发团队冲突与沟通管理

由来自不同组织的知识员工构成的创新任务研发团队中,团队成员不仅在年龄、性别等人口统计学变量上存在差异,在专业知识技能、工作经验等方面也通常存在明显的差异。这些差异可能为团队带来更多的信息和问题解决方案,同时,因团队成员在利益或者对问题的认知等方面的不相容、不一致或不协调而表现出一定的互动状态,使团队往往陷入各种冲突之中。由此,如何对研发团队的冲突进行协调与管理也成为团队创新管理的重要部分。

5.1 团队冲突的类型

团队冲突的分类经历了较长时间的演变,从不同的角度出发,可得出不同的冲突分类框架。

团队冲突往往是由研发团队成员的多样性造成的,Jehn[61]以冲突发生的性质为依据,把冲突分为关系冲突(relationship conflict)与任务冲突(task conflict)。任务冲突主要指团队工作过程中,团队成员关于任务或问题在认识和理解上的不一致所导致的冲突。关系冲突是指团队成员间因价值观、个性等不同,而导致的针对他人的情绪宣泄,对他人的不支持行为。后来,Jehn根据团队互动、任务分配和执行过程,将冲突又分为任务冲突、关系冲突和过程冲突(process conflict)3种形态。[178]过程冲突是指团队成员对完成任务的程序、方法不一致所导致的冲突。

按照冲突的范围划分为团队内部冲突和团队外部冲突。团队内部冲突指团队内部成员因对问题的认识、知识分工、存在沟通障碍、产生不信任等原因所引起的矛盾和问题，它可能是任务冲突，也可能是关系冲突。团队外部冲突，指团队成员在进行研发任务工作时与团队外部之间产生的种种矛盾和问题，包括不同团队间的冲突、团队与上级组织的冲突以及团队与客户的冲突等。团队外部冲突的发生，常常是由于资源的分配、目标的分歧、认识的分歧以及与团队外部和顾客的沟通不足等方面的原因所导致的。

　　根据文化相容性来划分，研发团队的冲突可分为文化不相容性冲突和文化相容性冲突。文化不相容性冲突就是研发团队成员的价值观、行为准则完全互不符合。当研发团队的成员来自不同的组织，而每个组织都会有其独特的组织文化。研发团队的成员在价值观、企业社会责任等意识形态上存在明显的差异，从而产生文化不相容性冲突。虽然成员在价值准则、管理风格上存在着许多相似的地方，但在具体的文化外在表现上却存在差异，而这会产生文化相容性冲突。研发团队为实现其创新目标会给知识员工的行为规定特定的方向和方式，如组织的分工规则、激励机制，等等。当各成员都熟悉于自己原有组织的运行制度，为适应研发团队的管理而做出调整时，就会有意无意地产生抵触情绪与行为。

　　从感知的角度分析，Pondy（1967）提出了冲突的五阶段过程模式，即潜在冲突、知觉冲突、感觉冲突、外显冲突、冲突结果。①潜在冲突是指，冲突处在潜在状态，引发冲突产生的一些条件如意见的对立，情绪的不协调等已经存在，但是这些条件并未达到足够引起冲突发生的程度。只要组织中存在差异性，利益和机制不相容，以及相互依赖性，潜在冲突一定会有。②知觉冲突是指，双方已经明确意识到他们的不相容，不管这是否是事实，这时知觉冲突便产生了。③感觉冲突是指，双方不仅意识到他们的不相容，而且开始划分"我们与他们"的界限。同时还开始定义冲突所涉及的问题，确定自己的策略以及可能处理的方式。在这一阶段，冲突当事人可能会有情绪上的流露，开始把前两个阶段的不舒服的感觉都表露出来。④外显冲突是指，任何一种类型的冲突行为，最明显的就是公开的斗争。但是如果双方不愿意把事情公开化、扩大化，那么外显冲突就不会出现。而如果冲突的问题扩大化，或者涉及私人颜面时，则冲突就容易转化为具有实际行为的显现冲突。⑤冲突结果是指，当冲突最终经过协调，双方都取得了满意的结果，或者是一方满意，另一方不满意，或者是被暂时悬置，都成为冲突结果。

5.2 团队冲突的原因

对于引发团队冲突的前因可以从团队成员个体特征、研发团队所执行任务的特征、研发团队方面、研发团队所处环境等4个方面进行简述。

5.2.1 研发团队成员个体特征

研发团队成员个体特征主要包括个体差异、目标、价值观、工作压力、对工作自主性的要求、对研发团队的贡献等方面。

1. 个体差异

团队中各个成员的年龄、性格、知识背景、兴趣爱好、经验阅历、工作习惯、价值观念等往往不尽相同。研发团队的成员个体间存在差异有助于成员之间的知识学习和优势互补；另一方面，团队成员在个性、作风等方面差异的存在，也可能使他们在团队合作中未能有效配合，产生分歧和摩擦，造成冲突。

2. 目标

在完成团队工作的过程中，由于个人的目标与他人及团队的目标存在着偏差，而目标的偏差往往是由于个人利益与团队利益的不完全一致所导致。当团队成员共同参与制订一个共同的目标并为之努力时，比较能把个人成败置之度外，团队成员可以成为一个具有凝聚力的团体，利于相互间的理解与知识学习。具有一个有意义的、共同追求的目标，能够为团队成员指引方向、提供推动力，让团队成员愿意贡献自身力量，从而预防不必要的冲突的发生。

3. 价值观

价值观是个体所具有的一系列基本信念，这种信念是指个体对于某种具体的行为类型或存在状态正确与否的一种判断，这种判断将强烈地影响着知识工作者的态度和行为，因此，价值观是影响知识团队冲突的重要因素。价值观的差异往往是由于文化背景的差异所导致的，这种文化背景可以受到家庭文化熏陶、地域文化特征、所属民族的文化特征所影响。差异的存在又会导致个体与个体之间乃至知识团队与其他群体之间在目标、信仰等方面容易产生分歧和争议。与经济利益冲突经常导致妥协不同，价值观冲突很难协调，因为它们体现了基本世界观的不同。

4. 工作压力

从研发团队的外部环境来看，工作压力主要包括工作负荷、工作复杂性、角色冲突和角色模糊等。从个体的主观反映角度来看，工作压力是一种对外部情境或事件的适应性反应。综合这两种分析，工作压力可以理解为当个体感到工作要求超出其内外部应对资源时，个体所产生的一种适应性反应，它体现了个体与工作情境之间的交互作用，这种作用会引起个体生理、心理和行为上的变化。对于研发团队来说，工作压力是一个不可忽略的冲突来源。具有创新要求的研发任务往往具有较为严格的时间约束，需要经常加班才能达到进度要求，这时成员的心理压力非常大，如果没有得到有效的缓解，易引起成员间的关系冲突。因此，研发团队管理者应该熟知员工工作压力的来源与特征，给予必要的分类工作压力管理。研发团队应该分配给其成员适当数量的研发工作任务和设置适当的工作质量要求，要合理安排员工的工作角色，使员工清楚自己的职责权限和范围。

5. 对工作自主性的要求

工作自主性（work autonomy）是指一种工作允许承担者在工作时间、工作方法、工作程序、质量控制以及其他类型的决策方面拥有自由、独立或者见机行事的决策权。知识型工作者往往需要较为自主的工作环境，倾向于实现自我管理。这就要求研发团队做好授权工作，在工作环境中增加员工对于如何开展自身的工作、如何安排工作进程、如何衡量工作量等方面具有一定的自主决定权，以及使每个团队成员的相关建议得到重视，使团队成员能够感受到自己的能力得到了尊重，从而使他们更积极主动参与研发团队的创新任务，充分发挥这些知识员工的内在创造力。

6. 对研发团队的贡献

在进行研发任务的过程中，不同的个体的素质以及对任务的贡献是存在差异的。当有的成员对团队任务的完成贡献非常大，而有的却存在明显的出工不出力等情况，这样就容易在团队内部产生人际冲突。

5.2.2 研发团队所执行任务的特征

从研发团队所执行任务方面来看，团队冲突的原因一般在于任务的范围与分解、资源分配等方面。

1. 任务的范围与分解

研发团队在确定研发目标后，需要根据任务的范围对研发任务进行分解，研发团队成员往往会发生因研发工作范围、工作内容等而存在这样那样的理解。研发团队成员对于工作过程、工作方法、工作质量标准会有不同的建议或看法，从而易产生冲突。因此，确保研发团队每个成员都明确他们下一步工作内容以及达成共识，认识到自己在团队中所担当的角色与承担的责任，以及清楚其他成员在团队中所担当的角色与承担的责任，有助于更好地预防冲突。

2. 任务的资源分配

由于分配某个成员从事某项具体任务时，所分配的资源数量多少与原有预期不一定完全一致，产品研发任务以及不同专业的专家、研发人员对有限资源的需求和竞争将造成资源冲突。这种冲突会影响研发任务的按时完成和完成的质量。这种基于任务的资源分配产生的冲突主要存在于团队内部，当然团队间的资源分配则会导致团队间的冲突。

5.2.3 研发团队方面的原因

研发团队结构、沟通与管理、团队行为等有关研发团队方面的因素也会引起团队冲突的发生。

1. 团队结构

权利平衡和相互间依赖性是团队结构影响冲突的两个主要方面。权利平衡要求团队在给成员分配工作任务时，要注意权责与利益的平衡。假如团队的薪酬分配体系缺乏公平性和合理性，将直接导致成员的付出与所得不对称和利益分配不公正，其后果是成员的积极性受到伤害，成员的满意度下降，对今后团队的运作不利。相互间的依赖性与团队冲突有着紧密的关系。强依赖性促使团队成员需要经常进行相互间的协作，它可以增强彼此间的信任，从而有助于减少冲突的发生。弱依赖性则将促使相互间更加独立，随着互相沟通的减少，对许多问题的认识就会出现偏差，从而引发冲突的产生。

2. 沟通与管理

沟通在一定程度上可以减少信息不对称所带来的问题，通过沟通，增加研发成员之间的了解，才能达成对团队任务和团队目标的共识，才能实现彼此间的进一步认识和加深友谊。过少的沟通，使团队成员间彼此认识得不够，容易产生误解和不信任。这对项目任务的开展和工作的协作是不利的，它将更易激发团队冲突的产生。

沟通管理是指对创新团队内各种沟通活动的管理，是对信息、思想、感情等交流活动与过程的全面管理。研发团队在面临对错误的理解、对问题的表达、问题的解决方式等情形下易产生冲突，冲突产生与否，关键看这些情形下研发团队是如何进行管理的。当发生错误时，如果不能站在别人的立场上处理和思考，就会引发冲突；对问题的表达应公正并形成一致看法，倘若不能，也会产生冲突；对问题应该正视，而不是忽视，忽视问题并且在处理问题时沟通不够，会导致项目冲突的升级与扩散。在研发团队创新过程中，将沟通交流逐渐渗透到知识创新过程中的每个环节，促使创新主体通过情感交流提升集体凝聚力，最终影响研发团队的创新绩效。

3. 工作依赖关系

团队成员为实现团队目标而协同工作，在工作流程上有些任务与任务之间经常会有串行关系，当其中某个任务的延迟造成其他任务的延迟时，或者某研发团队成员的工作质量或绩效影响到其他成员的工作质量或绩效时，就会导致冲突。

5.2.4 研发团队所处环境原因

影响冲突的团队环境要素有组织文化和组织支持等方面。

组织文化的熏陶，使团队成员逐渐接受企业的价值观，并融入到企业环境中。除了影响成员的价值观外，它也影响成员间的信任。研发团队内的不信任气氛，必然会对成员间的沟通与知识共享等产生不良的影响，不信任气氛一旦在团队内部形成，必然会使成员间的摩擦和矛盾不断出现，导致团队内部冲突不断产生。信任是形成紧密的合作关系的重要因素，在相互信任的研发团队中工作，可以对研发团队成员的行为具有自动约束作用，利于提高成员间的工作绩效，使消除或减少冲突成为可能。

组织支持对团队冲突的产生有着不可忽视的作用。若团队缺乏组织的有力支持，那么当工作中出现种种困难时成员就会产生对团队组织的埋怨情绪，当这种情绪得到不断的积累和激发时，团队冲突也就随着产生。若组织对团队提供全面的人、财、物和制度的支持，那么团队工作的开展将较为顺利，团队成员的工作满意度也会提高，进而提高其创新工作的质量与研发工作的效率。

5.3　团队任务冲突管理行为的博弈

5.3.1　问题描述

研发团队合作创新过程以任务执行为宗旨，创新合作双方在知识方面的差异性，能够明显增加任务冲突，在一定程度上能够提高成员之间的沟通，能够使员工分享不同的技能、信息和经验，从而更广泛地引起群体思维[179]，有利于新观点的产生，进而又正向影响着创新绩效。同时发生在组织间的冲突及其管理方式往往直接影响着组织的行为和绩效。[180]

学者 Rahim 从关心自己和关心他人构成的二维模型中，将冲突管理划分为竞争、合作、回避、服从和折中 5 种风格。[181]以往关于中国人冲突处理风格的研究主要集中于协调和退让两类。[182]协调风格往往是双方积极寻求更好的解决办法，双方皆获全胜或寻找中间路线，目的是取得双赢（合作和折中的混合）。退让涉及回避、忍让、顺从之类的消极处理方式（回避和服从的混合）。如果团队成员以竞争方式来应对冲突，不但不能解决问题，反而放大冲突的阴暗面，进而不利于团队绩效。知识工作团队更需要知识共享，员工之间的积极合作直接促进团队任务的完成，而竞争型团队冲突处理方式，容易转移成员的精力，并引发不良行为形成内耗，进而不利于团队绩效。鉴于本书研究合作创新中知识主体发生任务冲突时的管理问题，因此，主要关注冲突协调和冲突退让这两种冲突管理风格。

①如果团队成员在面临冲突时，能够知觉到目标的一致性，即相信他人目标的实现，将有助于自己实现目标，便会提升成员间的信任感，因此，也会以一种开放的心态来直面问题，以解决问题为主导，这种因团队成员知觉到目标一致性而引发的积极交换过程，即是"积极协调式的冲突管理方式"；②如果团队成员面临冲突时，深信自己利益的增加必然会以他人利益的损失为代价，保护自己的利益就意味着牺牲别人的利益，成员就会以防备的心理面对冲突，采取消极退让的方式来解决问题。尽管消极退让能够在一定程度上维护合作关系，但是积极协调式的团队冲突管理方式能够促使建设性的争论过程，提高决策质量，尤其在团队面临复杂和困难任务的情境下，此种冲突管理方式能通过促进成员之间信息和观点的交换，提高团队效能。

任务冲突及其解决可能需要合作创新参与者进行更加深入的知识共享，在知识共享过程中，联盟成员往往受自身利益的驱使，可能会通过各种方式甚至采取不正当的手段，摄取共享协议约定以外的对方关键知识，从而给知识持有者的当前或未来利益带来潜在的负面效应，并且不道德模仿行为在没有足够约束的条件下长期存活且占主导地位[183]，所以，合作的一方对任务创新的难度与知识溢出的风险经过权衡后，在发生任务冲突时，可能会采取消极回避的行为，以降低己方的知识溢出损失，而对于比较可能会成功的子任务，在发生任务冲突时，则会积极地参与知识共享，对问题进行深入讨论，尽最大可能提高知识创新绩效。

考虑到团队间合作过程中存在的此类问题，本节研究研发团队的另一种合作行为的演化机理，即在何种条件下团队会选择积极协调式的冲突管理行为，以能够促使研发团队进行合理、充分的知识学习与知识利用。

5.3.2 模型构建

假设合作创新系统中，发生任务冲突时，创新主体 A 和创新主体 B 皆采取消极退让处理行为时的创新收益为 v_1，v_2，若某方采取积极协调行为则任务冲突处理成本为 c，在积极协调行为下，双方关于任务解决方案的讨论更加深入，知识共享程度提高，也有助于合作创新绩效的提高，此种情况下各主体创新收益的增加程度为 γ_1，γ_2，而 α、β（$0 < \alpha$，$\beta < 1$）分别为一方单独采取积极协调行为时，创新绩效提高的成功率。构建博弈矩阵见表 5.1。

表 5.1　任务冲突不同管理行为的支付矩阵

		主体 B	
		积极协调	消极退让
主体 A	积极协调	$v_1 - c + \gamma_1$，$v_2 - c + \gamma_2$	$v_1 - c + \alpha\gamma_1$，v_2
	消极退让	v_1，$v_2 - c + \beta\gamma_2$	v_1，v_2

由表 5.1 可见，在一次静态博弈中，当 $\alpha\gamma_1 > c$，$\beta\gamma_2 > c$ 时，（积极协调，积极协调）是唯一纳什均衡，但是这并不是合作创新主体对冲突处理行为的确切描述，因为在客观现实中，创新合作方对于任务冲突的博弈行为是重复且动态的，其决策行为也并不是基于完全理性而做出的，而是基于有限理性，因此，合作方的策略选择实际上是不断调整的，并且是根据对方策略的变化而不断变化的，某种程度上，他们的选择其实是一种试错过程。因此，在这种情况下，采用演化博弈工具来研究合作主体策略的调整更符合现实情况。

若创新参与主体 A 在处理任务冲突时，采取积极协调行为的比例为 p_1，则采取消极退让行为的比例为 $1 - p_1$，若主体 B 在处理任务冲突时，采取积极协调行为的比例为 p_2，则采取消极退让行为的比例为 $1 - p_2$。假定合作方皆可以随机独立地选择积极协调策略和消极退让策略，并在任务冲突多次发生时重复地进行博弈。

依据表 5.1 可知，主体 A 采取积极协调行为时的收益为

$$S_{A1} = p_2 (v_1 - c + \gamma_1) + (1 - p_2)(v_1 - c + \alpha\gamma_1) = v_1 - c + \alpha\gamma_1 + p_2(1 - \alpha)\gamma_1$$

主体 A 采取消极退让行为时的收益为 $S_{A0} = p_2 v_1 + (1 - p_2) v_1 = v_1$

主体 A 平均收益 $\bar{S}_A = p_1 S_{A1} + (1 - p_1) S_{A0}$

主体 A 的复制动态方程为

$$F_A = \frac{dp_1}{dt} = p_1 (S_{A1} - \bar{S}_A) = p_1 (1 - p_1)[p_2(1 - \alpha)\gamma_1 - c + \alpha\gamma_1] \quad (5.1)$$

同理，主体 B 的复制动态方程为

$$F_B = \frac{dp_2}{dt} = p_2 (S_{B1} - \bar{S}_B) = p_2 (1 - p_2)[p_1(1 - \beta)\gamma_2 - c + \beta\gamma_2] \quad (5.2)$$

令 $F_A = 0$，$F_B = 0$，可得到系统的 5 个均衡点，分别为 $E_1 (0, 0)$，$E_2 (0,1)$，$E_3 (1, 0)$，$E_4 (1, 1)$，$E_5\left(\dfrac{c - \beta\gamma_2}{(1 - \beta)\gamma_2}, \dfrac{c - \alpha\gamma_1}{(1 - \alpha)\gamma_1}\right)$。

5.3.3　模型分析

微分系统中均衡点的稳定性，可以通过该系统相应雅可比矩阵的局部稳定分析得到。对微分方程 F_A，F_B 求偏导，得到系统的雅可比矩阵为

$$J = \begin{bmatrix} \dfrac{\partial F_A}{\partial p_1} & \dfrac{\partial F_A}{\partial p_2} \\ \dfrac{\partial F_B}{\partial p_1} & \dfrac{\partial F_B}{\partial p_2} \end{bmatrix} = \begin{bmatrix} (1 - 2p_1)[p_2(1 - \alpha)\gamma_1 - c + \alpha\gamma_1] & p_1(1 - p_1)(1 - \alpha)\gamma_1 \\ p_2(1 - p_2)(1 - \beta)\gamma_2 & (1 - 2p_2)[p_1(1 - \beta)\gamma_2 - c + \beta\gamma_2] \end{bmatrix}$$

其中，矩阵行列式为 $\det J = (1 - 2p_1)[p_2(1 - \alpha)\gamma_1 - c + \alpha\gamma_1](1 - 2p_2)[p_1(1 - \beta)\gamma_2 - c + \beta\gamma_2] - p_1(1 - p_1)(1 - \alpha)\gamma_1 p_2(1 - p_2)(1 - \beta)\gamma_2$，矩阵的迹表达为 $\mathrm{tr}J = (1 - 2p_1)[p_2(1 - \alpha)\gamma_1 - c + \alpha\gamma_1] + (1 - 2p_2)[p_1(1 - \beta)\gamma_2 - c + \beta\gamma_2]$，合作系统均衡点的稳定性可根据 $\dfrac{c - \beta\gamma_2}{(1 - \beta)\gamma_2}$、$\dfrac{c - \alpha\gamma_1}{(1 - \alpha)\gamma_1}$ 以及 $\det J$ 和 $\mathrm{tr}J$ 不同的取值分析得到，分析结果见表 5.2 ~ 表 5.4。

表 5.2 均衡点的稳定性分析 (1)

均衡点	$0 < \dfrac{c-\beta\gamma_2}{(1-\beta)\gamma_2} < 1$, 即 $\gamma_2 > c > \beta\gamma_2$								
	$\gamma_1 > c > \alpha\gamma_1$			$c > \gamma_1 > \alpha\gamma_1$			$\gamma_1 > \alpha\gamma_1 > c$		
	det$J$	tr$J$	稳定性	det$J$	tr$J$	稳定性	det$J$	tr$J$	稳定性
E_1 (0,0)	+	-	ESS	+	-	ESS	-		鞍点
E_2 (0,1)	+	+	不稳定	-		鞍点	+	+	不稳定
E_3 (1,0)	+	+	不稳定	+	+	不稳定	-		鞍点
E_4 (1,1)	+	-	ESS	-		鞍点	+	-	ESS
E_5 (*, *)	-	0	鞍点						

从表 5.2 可以看出，对于主体 B 来讲，任务冲突处理成本 c 的大小介于双方积极协调下和仅主体 B 积极协调下创新收益的增加量 $\gamma_2 > c > \beta\gamma_2$ 时，（消极退让，消极退让）或者（积极协调，积极协调）为进化均衡稳定策略，演化路径如图 5.1 所示。

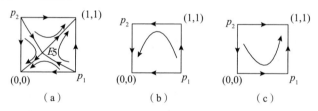

图 5.1 $\gamma_2 > c > \beta\gamma_2$ 时的演化路径

在图 5.1（a）中，当主体 A$\gamma_1 > c > \alpha\gamma_1$ 时，（消极退让，消极退让）和（积极协调，积极协调）皆可能是进化稳定策略。由点 E_1（0，0），E_2（0，1），$E_5\left(\dfrac{c-\beta\gamma_2}{(1-\beta)\gamma_2}, \dfrac{c-\alpha\gamma_1}{(1-\alpha)\gamma_1}\right)$，$E_3$（1，0）组成的四边形的面积为 $S_o = \dfrac{1}{2}\left(\dfrac{c-\beta\gamma_2}{(1-\beta)\gamma_2} + \dfrac{c-\alpha\gamma_1}{(1-\alpha)\gamma_1}\right)$，其大小表示采取（消极退让，消极退让）策略的可能性，$1-S_o$ 表示采取（积极协调，积极协调）策略的可能性。因为 $\dfrac{\partial S_o}{\partial c} > 0$，故任务冲突处理成本的增加，合作方选取（消极退让，消极退

让）策略的概率增加；由于 $\dfrac{\partial S_o}{\partial \gamma_2}<0$，$\dfrac{\partial S_o}{\partial \gamma_1}<0$ 故创新收益的增加程度 γ_1，γ_2 的增长使选取（消极退让，消极退让）策略的概率减少，即选取（积极协调，积极协调）策略的概率增加。在图 5.1（b）中，主体 A 在 $c>\gamma_1>\alpha\gamma_1$ 时，（消极退让，消极退让）是进化稳定策略，在图 5.1（c）中，主体 A 在 $\gamma_1>\alpha\gamma_1>c$ 时，（积极协调，积极协调）是进化稳定策略。

图 5.1 所表达的现实意义是，当创新主体 B 的任务冲突处理成本 c 一定，且其大小介于双方积极协调下和仅主体 B 积极协调下创新收益的增加量 $\gamma_2>c>\beta\gamma_2$ 时，若主体 A 的创新收益增加量小于任务冲突处理成本，则（消极退让，消极退让）是系统的进化稳定策略，若主体 A 的创新收益增加量大于任务冲突处理成本，积极协调，积极协调）是系统的进化稳定策略。可见，此时合作系统对于任务冲突处理成本与创新收益的变化是比较敏感的。

表 5.3 可以表明，对于主体 B 来讲，任务冲突处理成本 c 大于双方积极协调下和仅主体 B 积极协调下创新收益的增加量 $c>\gamma_2>\beta\gamma_2$ 时，（消极退让，消极退让）或者（积极协调，消极退让）为进化均衡稳定策略，演化路径如图 5.2 所示。

表 5.3　均衡点的稳定性分析（2）

| 均衡点 | $\dfrac{c-\beta\gamma_2}{(1-\beta)\,\gamma_2}>1$，即 $c>\gamma_2>\beta\gamma_2$ | | | | | | | | |
| | $\gamma_1>c>\alpha\gamma_1$ | | | $c>\gamma_1>\alpha\gamma_1$ | | | $\gamma_1>\alpha\gamma_1>c$ | | |
	$\det\boldsymbol{J}$	$\mathrm{tr}\boldsymbol{J}$	稳定性	$\det\boldsymbol{J}$	$\mathrm{tr}\boldsymbol{J}$	稳定性	$\det\boldsymbol{J}$	$\mathrm{tr}\boldsymbol{J}$	稳定性
E_1（0，0）	+	−	ESS	+	−	ESS	−		鞍点
E_2（0，1）	+	+	不稳定	−		鞍点	+	+	不稳定
E_3（1，0）	−		鞍点	−		鞍点	+		ESS
E_4（1，1）	−		鞍点	+	+	不稳定	−		鞍点

在图 5.2（a）中，当主体 A 在 $\gamma_1>c>\alpha\gamma_1$ 时，（消极退让，消极退让）是进化稳定策略，在图 5.2（b）中，主体 A 在 $c>\gamma_1>\alpha\gamma_1$ 时，（消极退让，消极退让）是进化稳定策略，在图 5.2（c）中，主体 A 在 $\gamma_1>\alpha\gamma_1>c$ 时，

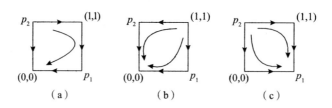

图 5.2 $c > \gamma_2 > \beta\gamma_2$ 时的演化路径

（积极协调，消极退让）是进化稳定策略。

图 5.2 所表达的现实含义是，当创新主体 B 的任务冲突处理成本 c 一定，且大于双方积极协调下和仅主体 B 积极协调下创新收益的增加量 $c > \gamma_2 > \beta\gamma_2$ 时，消极退让行为必是主体 B 的占优选择；当主体 A 的创新收益增加量大于任务冲突处理成本时，积极协调行为是主体 A 的占优选择，否则消极退让行为将成为主体 A 的占优选择。

表 5.4 均衡点的稳定性分析（3）

均衡点	$\dfrac{c-\beta\gamma_2}{(1-\beta)\,\gamma_2} < 0$，即 $\gamma_2 > \beta\gamma_2 > c$								
	$\gamma_1 > c > \alpha\gamma_1$			$c > \gamma_1 > \alpha\gamma_1$			$\gamma_1 > \alpha\gamma_1 > c$		
	det$\boldsymbol{J}$	tr$\boldsymbol{J}$	稳定性	det$\boldsymbol{J}$	tr$\boldsymbol{J}$	稳定性	det$\boldsymbol{J}$	tr$\boldsymbol{J}$	稳定性
E_1 (0, 0)	−		鞍点	−		鞍点	+	+	不稳定
E_2 (0, 1)	−		鞍点	+	−	ESS			鞍点
E_3 (1, 0)	+	+	不稳定	+	+	不稳定	−		鞍点
E_4 (1, 1)	+	−	ESS	−		鞍点	+	−	ESS

从表 5.4 可以看出，对于主体 B 来讲，任务冲突处理成本 c 小于双方积极协调下和仅主体 B 积极协调下创新收益的增加量 $\gamma_2 > \beta\gamma_2 > c$ 时，（消极退让，积极协调）或者（积极协调，积极协调）为进化均衡稳定策略，演化路径如图 5.3 所示。

在图 5.3（a）中，当主体 A $\gamma_1 > c > \alpha\gamma_1$ 时，（积极协调，积极协调）是进化稳定策略，在图 5.3（b）中，主体 A 在 $c > \gamma_1 > \alpha\gamma_1$ 时，（消极退让，积极协调）是进化稳定策略，在图 5.3（c）中，主体 A 在 $\gamma_1 > \alpha\gamma_1 > c$ 时，（积

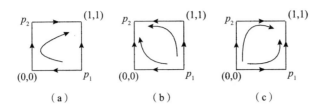

图 5.3　$\gamma_2 > \beta\gamma_2 > c$ 时的演化路径

极协调，积极协调）是进化稳定策略。

图 5.3 所表达的现实含义是，当创新主体 B 的任务冲突处理成本 c 一定，且小于双方积极协调下和仅主体 B 积极协调下创新收益的增加量 $\gamma_2 > \beta\gamma_2 > c$ 时，积极协调行为必是主体 B 的占优选择；当主体 A 的任务冲突处理成本大于创新收益增加量时，消极退让行为是主体 A 的占优选择，否则积极协调行为将成为主体 A 的占优选择。

5.3.4　管理启示

通过对模型演化博弈的参数分析，可以得出以下管理启示。

（1）合作系统中任何一方的冲突处理成本 c 足够大，满足 $c > \gamma > \beta\gamma$，即能够大于积极协调下创新收益的增加量时，无论对方的冲突处理成本与积极协调下创新收益的增加量之间是什么比较关系，采取消极退让行为是其解决任务冲突的占优策略。

（2）合作系统中任何一方的冲突处理成本 c 足够小，满足 $\gamma > \beta\gamma > c$，即小于积极协调下创新收益的增加量时，无论对方的冲突处理成本与积极协调下创新收益的增加量是什么比较关系，采取积极协调行为是其解决任务冲突的占优策略。

（3）合作系统中任何一方的冲突处理成本 c 的大小，满足 $\gamma > c > \beta\gamma$，即介于双方积极协调下和其一方主体积极协调下创新收益的增加量时，占优策略的选择体现出"拉动"效应。所谓"拉动"效应即是当对方冲突处理成本大于对方积极协调下创新收益的增加量时，采取消极退让行为是双方解决任务冲突的占优策略，而当对方积极协调下创新收益的增加量大于对方冲突处理成本时，采取积极协调行为是双方解决任务冲突的占优策略。

5.4 冲突协调与沟通管理

5.4.1 团队沟通有效性的影响要素

1. 沟通文化与沟通氛围

研发团队的工作内容本身具有较高的创造性，团队成员具有一定的创造能力才能适应研发任务，宽松的工作氛围、自由平等的沟通文化，可源源不断地为其创造力的发挥提供有力的环境保障。沟通氛围是构成创造性团队人际沟通的重要因素，能对组织内部的人际沟通产生重要的影响。团队管理者有必要多倾注些时间和精力在团队内部沟通管理上，同时还需引导知识型员工积极参与沟通，特别是双方在情感层面和理想层面上的积极沟通，有助于培育知识型员工的归属感和认同感。创造合适的沟通文化和最佳的沟通氛围，往往可以使研发团队成员渴望的平等与尊重真正得到实现，会鼓励成员自主性的发挥，提高团队内部士气、提高创造力、提高工作效率。

因此，研发团队应该培育轻松、宽容、自由、平等的沟通文化，树立团队内部的非等级关系，让知识型员工真正体会组织的吸引力；研发成员需要克服狭隘独占的思想，主动沟通，无私分享自己的好想法、好成果，同时其他成员也应对此给予足够的肯定与尊重，彼此协作，主动发掘自身的创造力以与其所推崇的组织环境融为一体。

2. 团队沟通管理目标与制度

研发团队的沟通目标为各项研发任务执行过程提供信息索引，因此，若没有明确的沟通目标或者沟通目标设置错位，研发团队就没有明确的沟通方向，团队的各种知识交流就缺乏沟通的针对性，这样的沟通无异于在做无用功。研发团队管理拥有正确的沟通目标，才能确保沟通的效率和效果。沟通目标设置不当易使得在工作中有高期望、高成就欲的知识型员工迫切了解创新任务发展前景的愿望与工作需求得不到及时、适度的满足，直接挫伤员工对研发沟通的参与积极性，继而又导致团队间的沟通难以正常进行，干扰了研发工作的顺利进行。

　　研发团队之间由于缺少相应的沟通管理制度和约束，也往往会使沟通的结果难以达到预期。若团队的沟通常常受到领导者或者核心技术人员等的个人意志的左右，事前不做充分的组织与准备，沟通的方式、沟通的频率没有规范性，沟通的随意性大，团队之间的沟通效果往往有很大的波动性。或者团队沟通的时机不当，沟通的方式不正确，没有合适的沟通场所和方式，也使得沟通的效率低下，给研发团队的工作带来不好的影响。只有制定必要的沟通制度，规范团队管理中的沟通活动，才能使研发团队成员保持实质性的沟通，能够获得全面准确的信息，真正使沟通为创新活动服务。

　　因此，完善相关沟通管理制度，使企业内部知识型员工间定期进行沟通，提高员工参与团队管理的积极性，确保员工沟通可以逐渐由被动行为向主动行为，甚至是根植于心底的下意识行为转化。同时，为了确保沟通管理制度得以有效执行，构建相应的沟通激励机制也是必要的。

　　3. 团队沟通管理平台的建设

　　双向交流的沟通机制和可实现团队互动的沟通平台是研发团队及其所在组织内部知识流动、提高团队知识积累的有力工具。双向交流意即不仅注重下行沟通，还积极建立高效畅通的上行沟通渠道，对于融合团队管理者和员工间的沟通关系有积极作用。

　　研发团队的工作沟通平台往往包含下述三类子模块，第一类是团队内部为各种事件往来和信息交流所用的办公系统，既可以为上层管理者发布指令或相关政策通知，也可以为下层实现信息反馈提供工作便利；第二类是供日常工作交流所用的学习交流系统。研发团队的各种设计数据、相关行业标准等各种信息，如果没有一个良好的渠道在企业中无阻力传播，信息的价值就难以体现，基于网络的学习交流系统能将组织长期积累的知识与经验便捷、有效地在员工中传递，此类系统能够支持经验丰富者对新手的传帮带，能够对许多专门知识和技能开展有效的培训，是公共资源和资料的共享库，也是员工有效交流并积极决策的交互式平台；第三类是供研发项目所使用的智能共享平台，这一类平台基于较为完善的知识开发和共享制度，也是员工贡献知识和参与开发的平台，可实现对组织内各种创新任务中研发数据的交互共享，可达到提高研发设计效率的目标。

4. 沟通技巧

研发团队管理者应掌握一些沟通技巧，否则会被团队员工怀疑其领导能力，那些本身具有藐视权威行为特征的知识型员工会更加我行我素，为团队沟通增添阻力，容易形成沟通瓶颈。因此，团队管理者应参与相关培训，掌握沟通技巧和管理技巧，学习诸如心理学、管理学、行为科学等相关知识，提高人际沟通能力，为解决团队成员间的冲突提供帮助。

如研发团队管理者在与成员沟通过程中要特别注意有效地"倾听"，有意识地去理解他人的观点和意见，可以帮助管理者寻找所需的信息，解决真正存在的问题。有效的团队沟通，也需要管理者有意识地发挥主观能动性去倾听、关注内容而不仅仅是表达形式和技巧，更应重视对关键词的理解，从整体上把握团队成员所表达的意图。

再如，团队领导和成员要重视非语言沟通的力量。非语言沟通是指人们从语言中包含的指示或语言之外的提示中解析出的含义。表达者的眼神、身体、脸部表情和声音以及其能力、可信度、亲和力，与非语言沟通有直接的关系。如运用肢体语言、表现出强烈的自信心，可以使传递的信息更加易理解、可接受，使同伴愿意倾听于你，有助于增强沟通的效果。

5. 研发团队成员在社会网络中的特征

研发团队内的各种工作交流是团队成员进行信息和专业知识交换的途径，在研发工作中人们更愿意借助人际渠道进行工作交流，基于人际交流的外部知识获取途径是研发人员常常使用的信息渠道。研发团队成员获取的技术专长和经验等新知识与其在社会网络中的教育、职业、年龄、性别等异质特征有关。而研发成员所在网络的中心度、网络中的位置和节点中介度等特征对沟通有效性会产生影响。

网络的中心度可以表示沟通主体之间的联系程度，分为强联结与弱联结两种，可用互动的频率、情感强度、亲密程度和互惠交换等维度定义这种联系。强联结是指主体间情感密切或频繁互动所形成的联系，如果某一个团队成员在网络中处于中心位置，表示与其他较多团队或者成员建立了情感支持的关系，意味着成员间的信任因素更多、合作的稳定性更强，因而成员间较易传递复杂的或隐性的知识，对创造力的产生具有一定积极作用。但是通过强联结获得的信息往往重复性很高，不利于创造力的持续激发。研发团队成员个体在社会网络中的弱联结更可能把两个相对独立的、相似性很低的社交网络联系起来，个体相似度低、彼此异质信息少，可以帮助个体拓宽领域相关知识，得到不同的分析视角，提高非常规认知和知识整合，有助于创造力的发挥。同时，弱联结双方的反馈较弱，有利于促使个体被迫思考更多的事务，从而促成新颖思路的产生。

如果网络中的一个成员所联结的另外两个成员之间没有直接联系时，该成员所处的位置就是结构洞。结构洞位置的成员是网络中知识流动的"阀门"，网络中知识能否顺利地交流、如何交流取决于居于结构洞位置的成员。当创新团队中某个成员在与其合作者建立的人际关系上处于结构洞位置时，则意味着该成员有机会接触到两类异质的信息流，跨越结构洞所获取的信息冗余度很低，从而形成信息优势。所以，为了使知识可以在整个网络中流通，需要加强该位置成员的共享意识。虽然对于结构洞两端的成员而言，结构洞的存在无形中增加了他们的距离，给他们知识互动带来了很大的困难，但是在互惠关系性质的社会网络中，居于结构洞位置的成员就会在弱关系的其他两方成员之间传递信息，这样该成员的角色就转变成为"桥"：一个可以刺激知识交流、知识共享的位置。

节点中介度可衡量知识主体在网络的中心性，反映节点对其他节点之间进行联系的控制作用，即指处于网络中介或"桥"位置的团队成员控制重要的信息与知识的能力。网络中的节点具有过高或过低中心性都不利于知识共享和传播。对于过高中心性的成员来说，会因负荷过多（如过多人向他寻求咨询与帮助）而倍感压力。同时，一旦该成员离开组织，整个网络的连通性将大受影响，甚至出现完全分裂的小团体。另一方面，过低的中心性又会导致网络过度分散，聚合并分发知识的人很少出现，不利于知识传播并不利于团队的知识整合，会导致成员知识创造能力的下降。

6. 认知差异的问题

认知差异是人们在考虑事物因果关系的差异或者成员对多个团队目标偏好的差异。信息决策理论认为，组织构成多样性会带来更多的技能、信息与知识，而这些都是独立于组织发展进程的额外信息，因而会对组织具有积极影响。研发团队是以完成特定的研发任务而组建的知识型组织，良好的合作需要有目标一致的文化取向，但是，团队成员往往来自不同的部门甚至不同的组织，有各自的利益、文化背景和价值取向，当团队成员进行沟通时，他们一般倾向于通过自己固有的文化观念对信息进行评价与认知，这就大大增加了对信息误解和扭曲的可能性。研发团队成员间由于文化及认知的差异带来的障碍甚至冲突，影响了研发目标的实现。

这就要求团队管理者结合团队成员文化上的差异，充分思考其背后的心理特征，采用适当的措施减轻由于认知带来的沟通障碍。首先，要求各成员知晓并尊重彼此的文化背景，如宗教信仰、价值观念、风俗习惯、语言和行为风格等，对不同文化之间存在的客观差异有一定的反应和适应能力，能够主动、有意识地从文化差异的角度来理解问题，以及进行必要的跨文化培训，改变员工思维系统，当团队成员有了较为一致的价值评判标准，就更能够充分调动各成员的积极性和主动性，以顺利进行员工之间的沟通和管理。其次，应尽可能地形成信息标准化，如使用标准格式、程序、语言等，进行必要的培训，以减少理解偏差。

7. 知识独占与保护心理

首先，研发团队内某些关键性的技巧、诀窍和经验等是团队持续创新的基础，拥有这些隐性知识的成员往往具有垄断和独占心理，这些资源可为他们带来优越感和某些特殊利益，而通过交流传授给别人则可能会使其在团队内的优越地位受到威胁。

其次，隐性知识的产权难以界定，由其所引发的创新绩效也难以衡量，更使得研发人员认为输出知识无法得到合理回报，掌握隐性知识的团队成员则越发趋于保护自己的知识产权。没有足够的其他补偿时，他就不愿意继续与他人沟通自己所领悟的领域内的某些知识，或有所保留。

另外，当知识供应方对知识接受方的信誉、能力存在怀疑，认为对方没有能力很好地运用所沟通的知识，不能保证知识不被泄露，或者知识接受方对知识源所提供知识的可行性、完整性存在怀疑时，就会减缓知识沟通的速度，减少知识沟通量，甚至中止沟通。此种知识独占与保护心理更多的是源于成员间的不信任。信任对研发团队成员间合作的成功具有重要影响，缺乏信任往往会导致交流难以持续、研发任务失败。

研发团队管理者应该辨别研发团队成员对知识独占与保护心理存在的原因，或者了解哪种因素占据更多的成分，从而采取有针对性的策略和措施，促使成员愿意共享自己的隐性知识和激励成员愿意学习更多的知识，以提高研发能力。

5.4.2　团队沟通形式

1. 深度汇谈

深度汇谈是指研发团队成员自由交流思想和信息，以发现较个人更深入的见解，从而在团体中萌生新的理解和共识，使新思想在不知不觉中产生，最终实现团队成员的共同学习。

实施深度汇谈需要经过以下 3 个步骤。一是"悬挂"假设。就是所有参加学习汇谈的成员要把自己的观点和看法视为假设，在"深度汇谈"时，每个人摊出心中的假设，并自由地进行交流。在自由的思维探索中，人人将深藏的经验与想法都讲出来，从而取得超出个人想法的整体成果。悬挂假设的目的即是要求所有团队成员要参与其中，释放内心所有意见，让团队对这些假设进行全方位的考量。在这一过程中，团队成员开始时可能倾向于隐匿想法，或由于过于关注自我想法而忽略聆听他人的声音，甚至拒绝了解其他事情。在这种境况下，应鼓励团队成员培养开放型的沟通风格，敞开心扉，建立相互信任的人际关系。

二是反思和探询。反思用于放慢思考活动的速度，用来探究自己和别人的观点如何形成，以及避免在思考问题时由于忽略检验中间推论的过程而产生错误的心智模式。探询就是要求团队成员如何与他人进行面对面的有效互动，特别是在处理复杂问题时以及冲突发生时。人们通常都善于提出与辩护自己的主张，而不了解如何有效以及采用正确的方式质疑他人思维的合理性、正确性，亦即在学习过程中发现、交流、质疑、处理彼此思维的不一致性。因此，需要鼓励成员通过角色轮换等方式检视某些重要问题，鼓励其多提观点，同时也让成员反思其思维方式，是否有悖于问题的解决。在探询中可以使用"左手栏"等方法发现内心思想与外显行为间的不一致。

三是技巧性讨论。在团队达成最终结果并做出决定之前，就需要进行讨论。在讨论中，大家依据共同意见，一起来分析，以及衡量可能的想法，并从中选择较佳的想法。在讨论中需要注意讨论的方法与技巧，如要学会聆听，要明确地表达自己的想法，不要为一些无足轻重的小问题影响讨论的氛围，使讨论过程既有利于团队成员间的学习与交流，也有利于意见的达成和问题的解决。

在深度汇谈的过程中，可以采取的方法如下。

（1）头脑风暴法。它是一种激发性思维的方法。由不同专业、不同工作岗位的相关人员参与，通过小型会议的组织形式，让所有参加者在自由愉快、畅所欲言的气氛中，自由表达想法或点子，并以此激发与会者创意及灵感，使各种设想在相互碰撞中激起脑海的创造性"风暴"。

在进行"头脑风暴"时，应尽可能提供一个有助于把注意力高度集中于所讨论问题的环境。有时某个人提出的，往往是在已提出设想的基础之上，经过"思维共振"的"头脑风暴"迅速发展起来的设想，以及对两个或多个设想的综合设想。因此，头脑风暴法产生的结果，应当认为是参与成员集体思维创造的成果，是各位专业人员的思维互相感染的总体效应。

（2）智慧墙方法。即把贴满白纸的墙壁作为智慧墙，首先针对一定的议题，与会者分别匿名地独立写下个人的意见，然后由主持人收集、整理贴到墙上，最后大家交流讨论并由主持人作点评。它是进行信息交流共享的一种新形式，是开展团队学习的一种新方法。

（3）左手栏方法。这是《第五项修炼》一书中论述的反思技巧。是指针对一次不满意的沟通，将现实所说的话写在纸的右边，将想说而没有说的话写在左边，左右对比以洞察参与者的内心假设，发现交流失败原因的方法。通过这种方法，可以了解表露内心对白以及理解参与者所说的与所想的之间的表达的差距，有助于帮助团队研讨过程中正确地表露冲突，理解冲突发生的根本原因。

（4）6顶思考帽方法。这是一种创新思维方法，分别用6顶不同颜色的帽子代表6种不同的思维方向。白帽，代表信息与事实；红帽，代表直觉与情感；黄帽，代表价值或利益；黑帽，代表风险与缺陷；绿帽，代表创意与变革；蓝帽，代表成果总结与控制。团队讨论中，在同一时间参与者都戴上同一种颜色思考帽思考，在另一时间参与者再都戴上另一种颜色的思考帽思考。每一位思考者只需在同一时间内都戴上同一种颜色的帽子，集中思考一个方面的问题，下一时段再换上另一种颜色的帽子去思考，使每个人的经验和智慧都运用到每个方向的思考之中。通过不同思维视角的转换，让参与者懂得"换位思考"，训练人们在交流思想中懂得相互尊重，尤其是尊重事实，以全面地认识事物。在这个思维模式中，每一顶颜色的帽子都可以反复使用，不必强制它们的次序，更没有孰轻孰重之分，全靠使用者的目标、条件和智慧。6顶思考帽代表的6种思维角色，几乎涵盖了思维的整个过程，既可以有效地支持个人的行为，也可以支持团体讨论中的互相激发。

深度汇谈可以培养团队成员积极的思维方式及学习习惯，促使团队营造一个相互信任的学习氛围，使团队成员肯真正表达出深层的思想，减少或消除团队中的各种猜疑、矛盾和冲突。

2. 定期技术交流

研发团队应定期组织各种正式的团队内部的技术交流会议，可通过技术小组讨论、讲座、讲演等形式，以确保团队内部沟通的实时性。并且需要安排专人将每次会议的内容记录并整理，将相关的文件存储于研发团队的数据库中，并建立知识地图，这是组织知识积累的关键。而会后针对关键问题的交流和讨论也是非常必要的，团队应鼓励研发成员会后与主讲人及其他人进行面对面的交流，吸收其经验和建议，经消化转为其个人的知识，这是团队中知识扩散的一种重要途径，也是激发知识创新的有利的互动平台。

3. 会议

会议是研发团队进行任务沟通和信息交换的一种正式的沟通方式，通过会议可传达重要的技术或行业信息，是研发团队成员技能培训和经验交流的平台，也是研发团队集思广益的一种有效途径，当然也是研发团队联络感情、加强团队关系的必不可少的工具。

一般地，会议前需要明确会议召开的目的、会议议题和期望达到的会议效果，然后发布会议通知给与会人员，告知会议议程和会议中特别关注的问题，以方便与会人员提前准备好与会议相关的文件与数据。若有必要，可在会议召开前将会议资料发放给与会人员，这些资料可以包括问题讨论的背景资料或上周任务进展图表，让大家提前了解相关信息。在会议召开过程中，要充分保障每个人的发言权，尽力避免关系冲突的发生，同时对发生任务冲突则要进行有序的控制，以为新创意、新思想的产生提供发展的空间。会议中还需要对上阶段进展不满意的任务及事件提出改进方案和给予鼓励，并布置本周工作。会议上需要有专人做记录，会后公布会议纪要，让关心本次会议议题的其他成员有学习以及交流的机会，为员工自主性、积极性的发挥提供机会，提高员工的参与率。

（1）工作例会。研发团队召开的工作例会又可称为工作布置会，一般可一周召开一次，由团队的主要干系人参加。工作例会的目的是沟通任务进展状况，团队管理者可及时了解各项创新任务的进程，有助于严格控制研发任务的进程，促使需要沟通的问题及时进行必要的沟通，以免影响下一个研发节点乃至全局。通过工作例会进行定期沟通，可使各个任务单元的成员严格按照沟通计划实施，发现影响任务执行的不合理指派，便于研发团队的负责人做出及时响应，并立即研究沟通方案的调整和人员的更换。

（2）通气会。一般由团队内的各个研发小组每天召开一次，会议时间可长可短，对当天工作出现的问题进行分析和解决，对次日的工作重点和难点进行强调和提醒。

（3）专题会议，也可称为解决问题会议。在研发团队的任务进展过程中，发现和识别出一项或者若干项重要的技术或管理问题，这些问题的解决对于节点任务甚至总体任务的成功较为重要，召集相关研发人员、专家以及主管领导召开专题会议专项解决。

（4）专题评审会。这个会议主要是聘请各方专家对项目的方案确定与调整，技术方案等工作进行认证评估论证，提出参考意见，作为业主决策依据。

4. 培训

在对研发成员进行培训之前，应首先进行培训需求调查，以降低培训的盲目性、提高培训工作的效果。即由培训主管部门和培训工作人员等采取各种手段、技术和方法，对团队及其成员的任务进展情况、知识技能等培训需求进行调查，搜集有关培训信息，进行分析和论证，以决定培训的必要性及最后确认培训的对象、内容、方法手段等，并以此制订科学的培训方案。

知识学习和业务培训是改进研发成员的工作能力、工作效率的过程。持续学习和接受培训才能促进知识的积累，才有可能去发展、去创新，才有应变能力去适应社会的发展。研发团队成员个体的知识存量一部分是依靠自己所学，此外，研发团队还应有计划有组织地安排各种形式的学习和培训，提供与新技术、行业标准、研发平台的操作、设计工具的使用等相关的知识培训。研发团队应充分利用各种资源，邀请行业技术专家对成员进行有针对性的培训，以及鼓励成员参加其他各种形式的相关培训。组织与团队创造的知识学习与交流的氛围与条件，有利于使成员在共同学习的过程中，激发成员对相关知识的热烈讨论与深入钻研，从而提高工作的积极性。

5. 非正式交流

在知识交流的范围内，非正式交流是指基于个人人际关系、组织之间非正式关系的个人之间、组织与个人之间以及组织与组织之间的知识交流活动。由于非正式交流关系的存在，实际上在正式交流网络之外，还存在着一个非正式交流网络。在某些情况下，这种非正式交流网络对知识的交流和技术的扩散可能比正式的交流网络更为有效，对创新所产生的促进作用更大。在非正式交流网络中，隐性知识的交流与共享也往往更容易实现。美国硅谷的经验证明，社会网络不仅促进了技术交流，也成为一种创新的动力。在硅谷各公司工作的工程师们，经常在酒吧一起交流，他们的创新从一家公司传播到另一家公司，这就不可能使每一个创新保持绝对优势，唯一的办法就是不断创新，这种非正式网络构成了硅谷创新过程的真正基础。

多种沟通形式为团队技术知识的交流提供了丰富的平台，但是，团队也应对沟通的频次和沟通的主题进行合理的控制，若经常采取频繁的面对面交流和无休止的会议进行团队沟通，这种不合时宜的沟通会浪费研发人员的有效工作时间，必将影响团队成员个人的学习和思考过程，影响成员的独立思考意识，降低独自解决问题的能力，也会造成时间投入成本过高，影响研发团队的知识生产效率。

5.5 案例：吉利与沃尔沃的联合开发与文化冲突管理

2010年3月28日，中国自主汽车生产商、民营汽车企业吉利集团以18亿美元的价格，收购福特旗下的沃尔沃轿车公司100%的股权以及相关资产。吉利集团从本次收购中获得了沃尔沃品牌9大系列产品和3个最新车型平台、沃尔沃知识产权和研发人才以及全球的经销商网络和供应商体系。

2013年2月20日，吉利汽车宣布在瑞典哥德堡设立欧洲研发中心，整合旗下沃尔沃汽车和吉利汽车的优势资源，开发新一代中级车模块化架构及相关部件。在此次合作中，沃尔沃自身具备足够的可拓展式平台开发经验，处于技术主导地位，这为双方合作的成功提供了技术基础。对于具有较强学习能力的吉利而言，与沃尔沃的研发合作不仅可以共享合作研发的成果，提升自身的技术与质量，同时也可以为吉利公司培养许多高质量的技术研发人才，为其后期长远发展储备力量。2013年3月，已经有70余人开始在哥德堡研发中心工作，大部分是来自吉利汽车和沃尔沃汽车的优秀工程研发人员，同时也有向外界招聘的优秀工程师，预计到2014年下半年将达到200人。

中国和瑞典的文化差异比较大，在语言沟通、管理理念、行为模式等方面都表现出差异和冲突。①在语言表达与沟通上，来自吉利集团的员工主要使用中文，来自沃尔沃的员工的工作语言主要是瑞典语，合作过程中存在的语言障碍是不容忽视的，而且双方的价值观、说话表达方式等存在着很大的差异，这些都将给沟通带来很大的困难。②在管理理念上，沃尔沃公司实施的人性化管理是将员工的利益放在第一位，而吉利集团人事关系等级分明，下级服从上级的安排，上级通过对下级的直接干预来管理企业。这与瑞典员工习以为常的以自我为主导，崇尚个人发展是不相容的。瑞典公司更重视对有能力的青年员工提供更多的发展机会，而吉利集团中方代表在用人政策上仍然受"论资排辈"模式的约束。③在行为模式上，瑞典人做事比较直率，敢于表达各种看法，不满之处往往会直接指出，而中方员工的表达一般比较委婉，很少直接发表与上级不一致的意见，这样在实际工作中瑞典员工占主导地位，就很难达到共同管理的目标。

如何解决这种跨文化研发团队合作中的冲突问题？首先，需要管理者识别文化差异及可能的表现，意识到可能出现的问题，并制订规划方案。其次，研发团队内各方的知识员工需要尊重彼此的文化。参与合作研发任务的员工必须提高对其他员工文化的包容精神，要学会尊重文化差异，相互包容、相互理解。不仅如此，还应在尊重的基础上，加强适应新文化的能力，从而对文化差异及其冲突有全新的认识，能够主动、有意识地从文化差异的角度来理解问题，这样有助于减少摩擦和冲突。最后，管理者可以借助各种形式的跨文化培训和交流机会，来支持跨文化的研发团队形成共同的价值体系。通过培训，一方面，可以使研发团队成员获取不同的背景知识，掌握与人打交道的技巧，改变对对方的态度和各种偏见；另一方面，可以使研发团队成员更好地认识、理解自身文化和其他文化的发展、优势和劣势，能够主动地吸收合作方的优秀文化特质为我所用，提高自己的管理水平。

5.6　本章小结

本章对研发团队合作创新过程中的冲突及其管理问题进行了研究。首先，对团队冲突的类型进行了介绍；其次，从团队成员个体特征、研发团队所执行任务的特征、研发团队方面、研发团队所处环境等 4 个方面对引发团队冲突的前因进行了简述；再次，基于时间演化的视角，对团队合作创新过程中合作双方任务冲突管理行为的演化机理进行了分析；然后，对冲突协调与沟通管理方法进行研究，分析了团队沟通有效性的影响要素，提出了几种可采取的团队沟通形式；最后，以吉利与沃尔沃的联合开发为例，对其联合研发组织的文化冲突管理进行了描述与分析，并提出了解决思路。

第6章 研发团队间互动的合作创新联盟系统动力学仿真与分析

6.1 合作创新系统的综合理论分析框架

6.1.1 系统动力学及其适用性分析

系统动力学是一门分析研究复杂信息反馈系统的科学，它强调系统行为主要是由系统内部的机制决定的，并兼顾定性研究和定量研究的利与弊，既能解决复杂系统的建模问题，又可以在整体框架下对系统要素间的联系进行定量的研究和优化。[184]

通常，构建系统动力学模型按照七步骤进行[185]，如图6.1所示。第一步理解研究的系统，明白研究问题的背景与意义；第二步问题的定义，即对系统进行深入理解和初步分析；第三步系统概念化，指出主要的研究问题、主要的变量之间的动态关系以及时间范围；第四步模型构建，构建系统流程图、指出主要的状态变量、速率变量、辅助变量和常量等，以及它们之间关系的方程式和各参数的赋值；第五步模型仿真，主要是对参数、结构和运行模式进行灵敏度分析和试验各种不同的决策对结果的影响，这其中也包括对模型的验证，即验证系统动力学模型之间的动态关系是否与假设的关系一致；第六步策略分析，主要指对不同参数变化所蕴含的理论意义及对仿真结果所蕴含意义的理论解释；第七步策略实施，提出适当的实践应对措施，以对模型研究中发现的关键行为进行管理与控制。

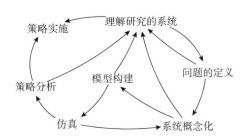

图 6.1 系统动力学模型构建步骤

从系统论的角度来看，跨组织任务型团队组成的合作创新系统具有系统性、非线性及动态性的特征，是由若干具有特定属性（即拥有特定知识位势）的组成元素（即任务型团队）按照特定联系构成的与周围环境相互联系，且具有特定结构和功能（科学研究）的整体。系统构成的多要素之间存在数据不足以及关系难以量化的问题，团队之间以及各团队与任务互动的过程中，遵循一定的行为模式，存在着频繁的互动与反馈，此种情况下，应用系统动力学建模具有优势，为此，本书将运用系统动力学方法对任务型团队间的知识学习与创新过程进行系统化的分析。目的是在一定的理论框架下，探析与诠释团队间合作过程中，某些特征要素在知识学习和知识创新过程中的作用，发现创新过程中影响团队间学习效用的规律，为有效提高团队间合作创新的绩效提供理论依据与管理指导。

6.1.2 合作创新系统的结构框架

组织间合作创新系统是一个知识管理系统。包括组织内知识创造、组织间知识学习、联盟内知识利用等过程。合作创新过程中，各子任务的执行会产生新知识，对这些新知识的有效集成与管理是合作创新联盟需要解决的问题。

在微观视角下对团队—任务互动合作创新联盟系统进行研究，将其视为由系统输入、团队—任务互动过程和系统输出组成的动态创新系统，如图 6.2 所示。

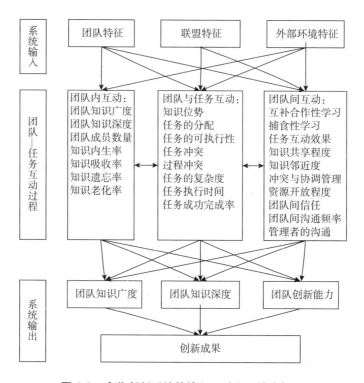

图6.2　合作创新系统的输入—过程—输出框架

系统输入主要包括团队特征、联盟特征、外部环境特征要素等主要内容。成员知识广度、成员知识深度、团队成员数量、成员知识异质性、沟通方式等组成了研发团队的主要特征。各研发团队形成的创新氛围、管理层沟通与互动情况、创新支持系统等决定了联盟特征。创新需求的不确定性等可以用来描述外部环境特征。系统输入各方面的特征要素对团队—任务互动过程有着内在的关系。

团队—任务互动过程由研发团队内互动、团队与任务互动、研发团队间互动过程构成。

系统输出用来描述合作创新系统的绩效与成果，可以从团队和联盟的知识广度、知识深度、创新能力等方面来衡量创新合作系统的输出。

为了更深入研究系统输入要素在团队—任务互动过程中的相互关系以及对系统输出的影响，将团队—任务互动合作创新过程分成4个子模块进行研究，如图6.3所示。其中，团队内互动过程通过"知识团队的知识位势"子模块来分析，对主体知识增长、知识遗忘、知识老化与主体知识位势等要素及其关系进行研究。团队与任务互动过程通过"团队特征与任务需求匹配"子模块来分析，对团队的知识创造能力、任务胜任能力、任务复杂度、任务冲突等要素及其关系进行研究。团队间互动过程通过"团队间知识学习过程"子模块和"团队间信任与共享"子模块来分析，对知识团队间的知识共享水平、知识共享意愿、团队间沟通、团队间信任程度等要素及其关系进行研究。图6.3中两个矩形框重叠表示以两个不同组织的研发团队间的合作为例进行研究。

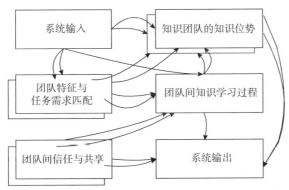

图6.3　合作创新系统子模块及其关系

知识团队的知识位势的变化不仅是研发团队内互动的结果，与"团队与任务互动过程"和"研发团队间互动过程"都是紧密相关的，图6.3中各子模块之间的箭线也描述了这一点。知识团队内部知识老化、知识遗忘等会降低团队的知识位势，通过任务匹配、新知识的创造会提升团队的知识位势；基于知识团队间的信任，将知识资源与伙伴共享后，己方的知识位势会减低，反之亦然，团队也会从其伙伴获取知识、吸收知识，将知识内部化，则知识位势会提升，知识团队的知识位势变化与互动过程的这种关系如图6.4所示。

图 6.4　知识位势变化与互动过程的关系

6.2　合作创新联盟系统因果关系图

组织间合作创新系统是由相互联系、相互影响的因素组成。在系统动力学方法中因素之间的联系可以概括为因果关系，正是这种因果关系的相互作用，最终形成系统的功能和行为，所以因果关系是系统动力学建模的基础，也是对系统内部结构关系的一种定性描述。在理论框架分析基础上，对构建的跨组织间合作创新系统的因果关系图分 4 个子模块进行详述。本书中因果关系图的整体架构是结合对国内外学术界研究成果的梳理，以及对两家装备制造企业中具有组织间研发合作经历的人员进行半结构化访谈基础上（访谈大纲见附录），然后进行数据统计、对要素间关系进行整理的基础上构建的。

6.2.1　对知识团队的知识位势的分析

1. 主要影响因素分析

在组织间合作创新系统中，某个研发团队的知识位势的变化不仅与其自身对新知识的创造能力有关，而且组织间知识溢出、知识吸收改变了某个研发团队的知识位势，另外，随着时间的演变，知识遗忘、知识老化的作用也应该考虑。

（1）知识遗忘。组织在学习过程中，不可能将所有的新知识都整合到原有的组织记忆系统中，必然会遗忘某些知识；组织记忆系统中的知识也会随着时间的推移由于各种原因而被遗忘。因此，同组织学习相反，组织遗忘是组织遗失或忘记组织知识的过程。

主动知识遗忘包含两方面的含义，一是遗忘过时的知识，二是遗忘有害的知识。由于组织的知识既可以对组织的成长过程有利，也可能对其成长有阻碍作用。在技术范式转变时期，组织面临的"游戏规则"、标准和基础都将发生未知的变化，对实验和历史中得到的经验和反馈往往难以解释，过时的知识使组织的利用性学习迷失方向，因此，组织必须对其进行质疑并将其抛弃。一些起反作用的知识，组织也应该加以辨别，并主动遗忘。被动知识遗忘的含义是，由于个体遗忘曲线的存在，在知识转移和知识吸收过程中一些有用的知识被遗忘，或者是随着时间的推移，组织知识出现退化或者衰败。

研究表明，主动组织遗忘有助于提高组织学习能力[186]，增强组织对外界环境的适应性，能够使组织的绩效提高。[187]

（2）知识吸收能力。Zahra 和 George[152] 根据知识吸收能力中对竞争优势作用不同，将知识吸收能力分为潜在知识吸收能力与现实知识吸收能力，其中潜在知识吸收能力包括知识获取与知识消化能力，现实知识吸收能力包括知识转化与知识利用能力。组织结构[188]、组织成员能力[189]、组织间知识互补性[190]、研发投入等都是影响组织知识吸收能力的重要因素。个人知识吸收能力的形成、培养依赖个人对知识的获取、转化、整合和创造；组织知识吸收能力的生成、发展也依赖个人对知识的获取、转化、整合和创造。[191] 知识吸收能力和组织学习间的关系是一种双向关系[189]，特定领域强化的学习将使组织的知识基增加，即知识吸收能力增强，知识吸收能力增强又会促进该领域的组织学习。

2. 因果关系图建立

构建的"知识团队的知识位势"因果关系图如图 6.5 所示，对诸变量之间的因果关系较清楚地进行了描述。图中"＋"表示正相关，"－"表示负相关。

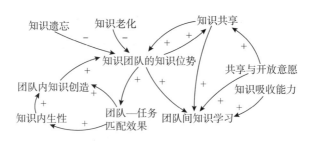

图 6.5　知识团队的知识位势因果关系图

此因果关系图中"知识团队的知识位势"的树状因果关系为：

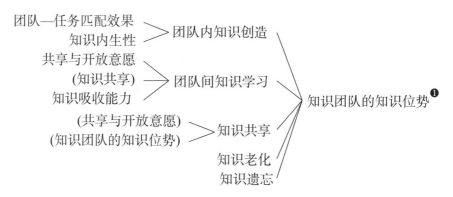

　　知识团队的知识位势是通过团队内知识创造、知识共享、团队间知识学习、知识老化、知识遗忘等行为的综合作用而逐渐积累的。知识的内生性和团队任务匹配效果影响团队内知识创造，共享与开放意愿、知识共享和知识吸收能力影响团队间知识学习，知识团队的知识位势和共享与开放意愿影响知识共享。

6.2.2　对团队特征与任务需求匹配的分析

　　1. 主要影响因素分析

　　（1）任务复杂性。任务的复杂性包括存在多个期望达到的目标、为完成一个目标而拥有多条路径以及多个目标或路径之间存在的相互依存又相互冲

---

　　❶　本章中的树状因果关系式均来自于 VENSIM 的输出结果。

突的关系。[192]任务的复杂性存在于组织间的知识互动过程中，可激发知识员工的创造能力。[193]已有研究表明，任务复杂性对组织内的研发团队以及组织间的合作研发团队的创新绩效有显著的调节作用。[194,195]

（2）团队冲突。Jehn 按冲突的性质分为任务冲突和关系冲突。任务冲突是项目团队在分析和完成项目具体任务时，方法、措施、建议等方面存在不同意见，对任务的目标、结果产生的不一致的看法。关系冲突，是以人际关系为导向的冲突，它是指团队成员间的人际对立或抵触，包括紧张、敌意、烦恼等。

冲突关系在任何组织间合作活动中都会产生，代表了组织间合作行为过程的复杂性。[196]任务冲突可能导致关系冲突；反过来，关系冲突可能导致任务冲突升级，两者之间的平均相关系数为正且数值较高。[197]任务冲突会使得团队间的互动频繁增加、思考更为深入，从而有助于团队解决问题的过程，获得比个人更优的绩效水平；而关系冲突会提升成员的压力和焦虑程度，从而限制了团队成员的认知功能，对绩效则会造成负面影响[198]，知识联盟的形成需要较低的关系冲突。

2. 因果关系图建立

构建的"团队特征与任务需求匹配"因果关系图如图 6.6 所示，对诸变量之间的因果关系较清楚地进行了描述。

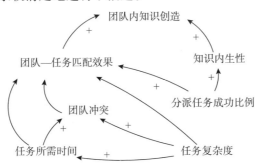

图 6.6　团队特征与任务需求因果关系图

此因果关系图中"团队内知识创造"的树状因果关系为：

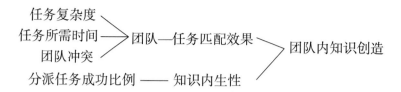

6.2.3 对团队间知识学习过程与知识位势增长的分析

1. 主要影响因素分析

（1）知识共享。知识共享泛指知识所有者基于共同目标的任务内容，使组织和组织内员工的显性知识和隐性知识，通过知识共享手段，为组织中其他成员或其他组织拥有，并产生知识的效应。[199] 可从 "动词" 和 "名词" 2个层面去理解知识共享，"动词" 层面表述共享的行为动作，"名词" 表示共享的状态或效果。[200] 知识共享意愿是实现知识共享的一个前提，知识供应者和知识需求者相互信任是影响双方知识共享意愿的主要因素。[201] 知识共享的目的是知识创造，实现组织内知识增值。通过知识共享，虚拟团队能够形成团队知识网络，提高其解决复杂任务的能力。资源描述框架和本体论等关键技术支持的信息与合作技术是知识共享的物质基础[202]，而合理的组织结构与组织文化为知识共享构造了软环境。[203]

（2）知识邻近性。邻近性是创新研究、组织科学和区域科学等科学领域中的一个重要概念，已经在创新和组织间合作的研究中占据了显著的位置。[204] 知识邻近性是指知识主体间具有的知识存量的比较。[205] 知识邻近性会直接影响到主体的知识吸收能力，组织之间如果想进行知识共享与交换，双方就必须具有相似的知识基础，因此较高的知识邻近性有助于提高组织的外部学习率；但是过高的知识邻近性对于组织间合作创新也是不利的，因为不同主体如果拥有了相同的知识，其创新能力就将大打折扣。[206]

2. 因果关系图建立

构建的 "团队间知识学习过程" 因果关系图如图 6.7 所示，对诸变量之间的因果关系较清楚地进行了描述。

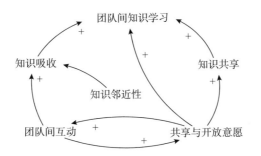

图 6.7　团队间知识学习过程因果关系图

此因果关系图中"团队间知识学习"的树状因果关系为：

团队间知识学习是共享与开放意愿、知识共享和知识吸收综合作用的结果，团队间互动是共享与开放意愿的重要影响因素，共享与开放意愿影响着知识共享水平，团队间互动与知识邻近性影响着知识吸收。

6.2.4　对团队间信任与共享行为的分析

1. 主要影响因素分析

（1）组织间信任。组织的声誉[207]、组织间的相似性[208]、组织间的开放程度[209]等都是影响组织间信任的重要因素。有研究认为，知识专有性可评估知识交易的质量，知识交换频次则可以反映出组织之间互动的情况，随着组织间信任程度的增加，组织间的知识交流更加有效。[115]信任水平的高低可以直接影响组织间关系的发展，同时信任有助于提高联盟的整体绩效，而高绩效水平有助于组织间信任始终维持在一个较高的水平。[210]同时，组织间的信任对联盟绩效的影响也受到机会主义行为[211]、合作不确定性[212]等多种条件的制约。

（2）知识资源开放水平。知识联盟中各组织对开放还是保守的选择是一个动态的博弈过程，如果一方保守程度较高，那么对方一定会相应地降低开放程度，最终会减少联盟中共享的知识与技能，使得联盟维持在一个合作水平较低的状况。Kale[213]指出联盟双方的开放程度越高，联盟双方从联盟中获取的知识越多，合作水平较高，但是与此同时，随着开放程度的提高合作伙伴的机会主义行为的可能性也就越大。在考虑学习型联盟竞争合作关系基础上，联盟双方的开放程度越高则均衡时贡献水平就越高，且一方的开放程度会直接影响另一方的贡献水平。[214]参与组织的知识投入和开放水平可视为内生变量，联盟前期，企业应该选择较大的开放水平，联盟后期，如果企业需要较大的知识投入，则应该选择较小的开放水平；如果只需要较少的知识投入，则应该选择较大的开放水平。[215]

2. 因果关系图建立

构建的"团队间信任与共享行为"因果关系图如图6.8所示，对诸变量之间的因果关系较清楚地进行了描述。

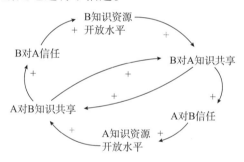

图 6.8　团队间信任与共享行为因果关系图

以 B 团队为例，此因果关系图中"知识资源开放水平"的树状因果关系为

A对B知识共享——— B对A信任 ——— B知识资源开放水平

知识资源开放水平是组织间信任的结果，知识共享对组织间信任有着重要影响。

此因果关系图中"组织间信任"的树状因果关系为

A知识资源开放水平
B对A知识共享 ＞ A对B知识共享——— B对A信任

　　组织间信任是知识共享的结果，知识资源开放水平和合作伙伴的知识共享又影响着组织的知识共享水平。

　　此因果关系图中"知识共享"的树状因果关系为：

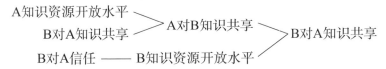

　　知识共享是知识资源开放水平和合作伙伴的知识共享共同作用的结果，组织间信任是影响知识资源开放水平的重要影响因素。

6.3　合作创新联盟系统的子模块流量图与方程式

　　因果关系图表达了系统发生变化的原因，但这种定性描述还不能确定变量发生变化的机制。为了进一步深入表示系统各元素之间的数量关系，需要构造系统流图。本研究利用 Vensim PLE 来构造系统动力学流图模型并进行模型分析，作为 Vensim 的个人学习版，它具有 Vensim 的主要特点，采用了多种分析方法，数据共享性强，提供丰富的输出信息和灵活的输出方式，包括原因树分析、结构树分析、反馈列表，虽然对变量和运行有一定限制，但也能对一般系统进行模型建立和模拟，足以满足本研究的需要。

6.3.1　知识团队的知识位势子模块

　　在知识团队的知识位势因果图的基础上，进一步区分变量的性质，并考虑了流图的规则，建立了知识团队的知识位势子模块存量流量图，以 A 组织的团队为例，流量图如图 6.9 所示。图的结构是由 1 个状态变量、3 个速率变量、3 个辅助变量和 3 个常量构成的，其中，状态变量为知识团队 A 的知识势能（KPA）。

　　1. 重要变量方程的设计与说明

　　（1）"知识团队的知识位势"方程的设计思想。由于知识位势可表示任务型知识团队知识结构与存量，"知识团队 A/B 的知识位势"在本书构建的

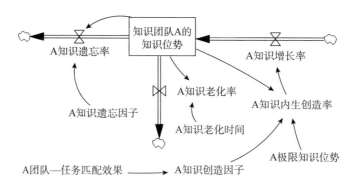

图6.9　知识团队的知识位势子模块存量流量图

存量流量图中作为状态变量，可用来表征组织内创造过程中新知识的增长情况以及由于组织间知识转移与知识吸收使得组织知识的变化程度。同时，由于知识老化与组织知识遗忘可使得组织知识位势降低。因此，以A组织的团队为例，其知识位势方程为"知识团队A的知识位势＝INTEG（A知识增长率－A知识老化率－A知识遗忘率，25）"，方程表明了知识位势的变化途径与方向。

（2）"知识增长率"方程的设计思想。由于假设任务型团队合作前，A组织的团队是高知识位势团队，B组织的团队是低知识位势团队，这通过给状态变量"知识团队A/B的知识位势"赋以不同的初始值体现出来。鉴于本书4.3节中已经表明，高知识位势团队在合作创新中的主体作用，因此，假设"知识团队A知识位势"的增长主要是内部知识创造的结果，"知识团队B知识位势"的增长既有内部知识增长的原因，也有外部知识吸收的贡献。那么具有知识创造优势的A团队其知识增长率方程为"A知识增长率＝A知识内生创造率"，具有知识利用优势的B团队其知识增长率方程为"B知识增长率＝B知识内生创造率＋B知识学习率"。辅助变量"B知识学习率"表示从外部吸收的知识量，与具有高知识位势的A团队的知识共享量有关，也与团队B本身的知识吸收能力相关。

2.　一般变量方程设计

知识团队的知识位势子模块中状态变量（L）、速率变量（R）、辅助变量（A）方程的设计如下。

R　A知识遗忘率＝DELAY1（STEP（A知识遗忘因子×知识团队A的知识位势/（30×A任务相关冲突），10），10）

R　A知识老化率＝0.1×知识团队A的知识位势/A知识老化时间

L　知识团队B的知识位势＝INTEG（B知识增长率－B知识老化率－B知识遗忘率，10）

R　B知识遗忘率＝DELAY1（STEP（B知识遗忘因子×知识团队B的知识位势/（30×B任务相关冲突），10），10）

R　B知识老化率＝0.1×知识团队B的知识位势/B知识老化时间

A　B知识创造因子＝B知识内生率×"B团队—任务匹配效果"

A　B知识内生创率＝B知识创造因子×知识团队B的知识位势×（1－知识团队B的知识位势/B极限知识位势）

6.3.2　团队特征与任务需求匹配子模块

在团队特征与任务需求匹配因果图的基础上，进一步区分变量的性质，并考虑了流图的规则，建立了团队特征与任务需求子模块存量流量图，以A组织的团队为例，流量图如图6.10所示。

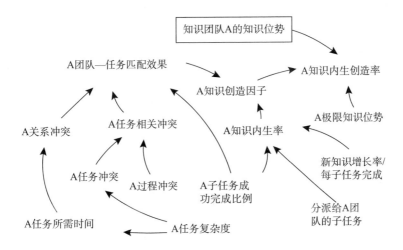

图6.10　团队特征与任务需求子模块存量流量图

1. 重要变量方程的设计与说明

（1）"团队—任务匹配效果"方程的设计思想。在本书构建的跨组织任务团队合作创新系统中，辅助变量"团队—任务匹配效果"用来描述任务冲突、关系冲突、任务复杂度、任务所需时间等因素对组织知识创造过程的影响程度，若综合影响是消极的，则对新知识增长的贡献程度为零，那么方程为"A 团队—任务匹配效果 = IF THEN ELSE（（A 任务相关冲突 - A 关系冲突）>0，（A 任务相关冲突 - A 关系冲突）×A 子任务成功完成比例，0）"，其中的关系冲突与任务所需时间之间为倒 U 型关系，即随着成员间接触率的增加，成员会逐渐将精力与时间花费在如何解决问题上[197]，成员间感觉到的不一致、不协调的氛围会逐渐减缓，其方程为"A 关系冲突 = WITH LOOKUP（A 任务所需时间，（[（0，0） -（10，1）]，（1，0.1），（2，0.2），（3，0.3），（4，0.3），（5，0.2），（6，0.1））2）"。

（2）"知识内生创造率"方程的设计思想。在本书构建的跨组织任务团队合作创新系统中，辅助变量"A/B 知识内生创造率"表示团队内解决问题过程中新知识的增长情况，由于知识的增长数量既与原有的知识位势有关，也与团队人员数量等约束有关（即考虑极限知识位势的作用），因此借鉴知识增长生态学的思想，其方程为"A 知识内生创造率 = A 知识创造因子×知识团队 A 的知识位势×（1 - 知识团队 A 的知识位势/A 极限知识位势）"，其中辅助变量"A 知识创造因子"是衡量任务分派与完成情况对知识的增长的影响，其方程为"A 知识创造因子 = A 知识内生率×'A 团队—任务匹配效果'"。

2. 一般变量方程设计

团队特征与任务需求匹配子模块中一般变量方程的设计如下。

A　A 知识内生率 = 分派给 A 团队的子任务×A 子任务成功完成比例×"新知识增长率/每子任务完成"

A　A 任务相关冲突 = A 任务冲突 - A 过程冲突

A　A 任务冲突 = WITH LOOKUP（A 任务复杂度，（[（0，0） -（1，1）]，（0.1，0.2），（0.3，0.3），（0.5，0.5），（0.7，0.6），（0.9，0.7），

（1，0.8）））

A　A 任务所需时间＝WITH LOOKUP（A 任务复杂度，（［（0，0）－（1，10）］，（0.1，1），（0.3，1.5），（0.5，2.5），（0.7，3.5），（0.9，5），（1，6）））

A　"B 团队—任务匹配效果"＝IF THEN ELSE（（B 任务相关冲突－B 关系冲突）＞0，（B 任务相关冲突－B 关系冲突）×B 子任务成功完成比例，0）

A　B 关系冲突＝WITH LOOKUP（B 任务所需时间，（［（0，0）－（10，10）］，（1，0.1），（2，0.2），（3，0.3），（4，0.3），（5，0.2），（6，0.1）））

A　B 任务所需时间＝WITH LOOKUP（B 任务复杂度，（［（0，0）－（1，10）］，（0.1，1），（0.3，1.5），（0.5，2.5），（0.7，3.5），（0.9，5），（1，6）））

A　B 任务相关冲突＝B 任务冲突＋B 过程冲突

A　B 任务冲突＝WITH LOOKUP（B 任务复杂度，（［（0，0）－（1，1）］，（0.1，0.2），（0.3，0.3），（0.5，0.5），（0.7，0.6），（0.9，0.7），（1，0.8）））

A　B 知识内生创造率＝B 知识创造因子×知识团队 B 的知识位势×（1－知识团队 B 的知识位势/B 极限知识位势）

A　B 知识创造因子＝B 知识内生率×"B 团队—任务匹配效果"

A　B 知识内生率＝（1－分派给 A 团队的子任务）×B 子任务成功完成比例×"新知识增长率/每子任务完成"

6.3.3　团队间知识学习过程与知识位势增长子模块

在团队间知识学习过程因果图的基础上，进一步区分变量的性质，并考虑了流图的规则，建立了团队间知识学习子模块存量流量图如图 6.11 所示。

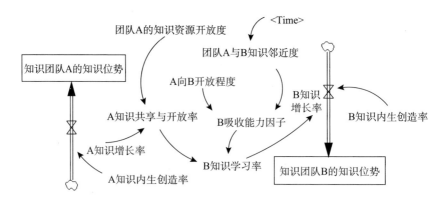

图6.11　团队间知识学习子模块存量流量图

1. 重要变量方程的设计与说明

（1）"吸收能力因子"方程的设计思想。在跨组织知识团队合作过程中，知识将从高知识位势主体流向低知识位势主体，A组织团队将一部分知识转移至具有利用性学习优势的B团队。团队A与团队B的知识邻近性将影响B团队的知识吸收，团队A向团队B的知识互动程度也是影响B团队知识吸收的一个重要因素，随着互动程度与知识邻近性的增加，B团队的吸收能力也逐步增加，但是，B团队的吸收能力并不会无限增加，当达到一定程度后，知识吸收能力将趋于稳定。[49]其方程为"B吸收能力因子 = IF THEN ELSE（团队A与B知识邻近度×A向B互动程度 >0.5，0.5，团队A与B知识邻近度×A向B互动程度）"。

（2）"团队A与B知识邻近度"方程的设计思想。对于跨组织知识团队合作，双方具有一定程度相似的知识是合作的基础，随着合作的深入，双方的合作紧密度、接触频率逐渐增加，也使得团队的吸收能力提高，组织间的知识邻近性增加，当达到一定程度后，组织间知识邻近性的变化明显减缓，基于此，组织间的知识邻近性可用基于时间的表函数表示，其方程为"团队A与B知识邻近度 = WITH LOOKUP（Time，（［（0，0）－（60，1）］，（0，0.2），（3，0.22），（6，0.24），（9，0.26），（12，0.3），（15，0.35），（21，0.46），（27，0.58），（33，0.65），（39，0.68），（45，0.7），（60，0.75）））"。

2. 一般变量方程设计

团队间知识学习过程子模块中一般变量方程的设计如下。

L 团队A的知识资源开放度=INTEG（团队A资源开放度增加-团队A资源开放度降低，0.1）

A A知识共享与开放率=A知识增长率×团队A的知识资源开放度

A A向B开放程度=WITH LOOKUP（知识团队A对B的比较信任度，（[（0，-1）-（1，1）]，（0，0），（1，1）））

A B知识学习率=B吸收能力因子×A知识共享与开放率

6.3.4 团队间信任与共享行为子模块

在团队间信任与共享行为因果图的基础上，进一步区分变量的性质，并考虑了流图的规则，建立了团队间信任与共享行为子模块存量流量图如图6.12所示。

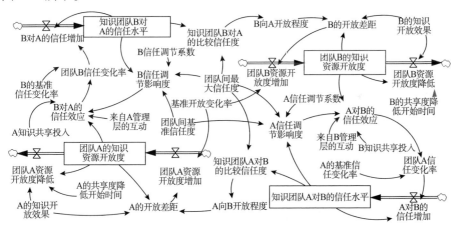

图6.12 团队间信任与共享行为子模块存量流量图

1. 重要变量方程的设计与说明

（1）"团队信任变化率"方程的设计思想。在跨组织的知识团队合作过程中，组织间的信任水平并不是一成不变的，并且由于组织的合作目标与组织优势各不相同[208]，组织间相互的信任程度也有差异，因此，用团队信任变化率表示团队对其合作伙伴在某时刻 t 的信任变化量，其方程为"团队 A 信任变化率 = A 的基准信任变化率 × A 对 B 的信任效应"。其中辅助变量"A 对 B 的信任效应"表示由于 B 的共享投入与互动行为使得 A 对其产生相应的信任评价，其方程为"A 对 B 的信任效应 = IF THEN ELSE（A 信任调节影响度 < 0，团队 B 的知识资源开放度 × B 知识共享投入 × 来自 B 管理层的互动，0）"，方程中的辅助变量"信任调节影响度"是为了衡量与保证联盟正常运行时，是在正常的信任水平内。

（2）"团队知识资源开放度"方程的设计思想。状态变量"团队 A/B 知识资源开放度"表示将己方的知识资源与合作伙伴共享的程度，以 A 组织团队为例，用方程"团队 A 知识资源开放度 = 团队 A 资源开放度增加 − 团队 A 资源开放度降低"表示。速率变量"团队 A 资源开放度增加"可能在联盟合作一段时期后才能有所表现，可用阶跃函数"STEP（A 的开放差距 × 基准开放变化率，2）"表示，A 的互动投入效果越好，说明"团队 A 资源开放度降低"量越小，共享度降低开始时间越早，"团队 A 资源开放度降低"量越大，因此，用方程"团队 A 资源开放度降低 =（1 − A 的互动投入效果）× 团队 A 的知识资源开放度/A 的共享度降低开始时间"表示。

2. 一般变量方程设计

团队间信任与共享行为子模块中一般变量方程的设计如下。

L　知识团队 B 对 A 的信任水平 = INTEG（B 对 A 的信任增加，1.5）

R　B 对 A 的信任增加 = 团队 B 信任变化率 × 知识团队 B 对 A 的信任水平

L　知识团队 A 对 B 的信任水平 = INTEG（A 对 B 的信任增加，1.2）

R　A 对 B 的信任增加 = 知识团队 A 对 B 的信任水平 × 团队 A 信任变化率

A　A 信任调节影响度 = A 信任调节系数 × MIN（0，（知识团队 B 对 A 的信任水平 − 团队间基准信任度）/（知识团队 B 对 A 的信任水平 − 团队间最大信任度））

A　团队 B 信任变化率 = B 的基准信任变化率 × B 对 A 的信任效应

A　B 对 A 的信任效应 = IF THEN ELSE（B 信任调节影响度 < 0，A 知识共享投入 × 团队 A 的知识资源开放度 × 来自 A 管理层的互动，0）

A　B 信任调节影响度 = B 信任调节系数 × MIN（0，（知识团队 B 对 A 的信任水平 – 团队间基准信任度）/（知识团队 B 对 A 的信任水平 – 团队间最大信任度））

A　知识团队 B 对 A 的比较信任度 = 知识团队 B 对 A 的信任水平/团队间最大信任度

A　B 向 A 开放程度 = WITH LOOKUP（知识团队 B 对 A 的比较信任度，（[（0，0） – （1，1）]，（0，0），（1，1）））

A　B 的开放差距 = （B 向 A 开放程度 – 团队 B 的知识资源开放度）× B 的知识开放效果

A　知识团队 A 对 B 的比较信任度 = 知识团队 A 对 B 的信任水平/团队间最大信任度

A　A 的开放差距 = A 的知识开放效果 × （A 向 B 开放程度 – 团队 A 的知识资源开放度）

L　团队 B 的知识资源开放度 = INTEG（团队 B 资源开放度增加 – 团队 B 资源开放度降低，0.1）

R　团队 B 资源开放度增加 = STEP（B 的开放差距 × 基准开放变化率，2）

R　团队 B 资源开放度降低 = （1 – B 的知识开放效果）× 团队 B 的知识资源开放度/B 的共享度降低开始时间

6.4　参数设置与模型测试

6.4.1　模型参数设置

系统的流量图模型中速率变量和辅助变量的初始值不必确定，状态变量的初始值和常量的原始值在仿真之前需要事先给定，见表 6.1 和表 6.2。

表 6.1 模型中状态变量及其初始值

符号	名称	初始值
L	知识团队 A 的知识位势	25
L	团队 A 的知识资源开放度	0.1
L	知识团队 A 对 B 的信任水平	1.2
L	知识团队 B 的知识位势	10
L	团队 B 的知识资源开放度	0.1
L	知识团队 B 对 A 的信任水平	1.5

表 6.2 模型中主要常量及其原始值

名称	初始值	名称	初始值
A 任务复杂度	0.8	B 任务复杂度	0.5
A 信任调节系数	1	B 信任调节系数	0.8
A 子任务成功完成比例	0.8	B 子任务成功完成比例	0.6
A 极限知识位势	500	B 极限知识位势	400
A 的基准信任变化率	0.2	B 的基准信任变化率	0.2
A 知识共享投入	0.5	B 知识共享投入	0.5
A 知识老化时间	36	B 知识老化时间	36
A 知识遗忘因子	0.01	B 知识遗忘因子	0.01
A 的知识开放效果	0.8	B 的知识开放效果	0.7
A 的共享度降低开始时间	30	B 的共享度降低开始时间	35
基准开放变化率	0.5	团队间基准信任度	1
新知识增长率/子任务完成	2	团队间最大信任度	5

6.4.2 模型测试

模型是为现实服务的，但由于现实系统的复杂性，系统动力学模型是对真实世界系统抽象和简化的结果，模型中会有理想性的假设，并不是真实世界系统的复制品，并不能完全再现客观世界的真实情况。但是，只要模型能在既定的条件下有效反映实际系统的特征和变化规律，实现约束下的目标，就可以认为模型的构建具有一定的合理性、实用性。为了检验任务型团队合作创新联盟系统动力学模型的合理性和实用性，对模型进行模型边界检验、有效性测试和敏感性测试。

1. 模型边界测试

系统边界测试主要是检查系统中重要的概念和变量是否为内生变量，同时，测试系统的行为对系统边界假设的变动是否敏感。[216]通过与调研对象沟通，确定参与过组织间合作创新项目的企业技术人员所关心的是组织知识存量、组织间信任程度、组织间知识资源开放水平，将此作为系统中重要的状态变量，再进一步确定与其相关的速率变量和辅助变量，以及速率变量的变化规律，这样，以状态变量为中心，就确定了系统的边界。该模型包含了与所研究问题密切相关的重要因素，对系统影响较小的因素以及不必要的外生变量并没有纳入到模型中，因此，本书对组织间合作创新系统的边界确定是合理的、有效的。

2. 模型有效性测试

模型有效性检验是为了验证模型所获得信息与行为是否反映了实际系统的特征和变化规律，通过模型的分析研究能否正确认识与理解所要解决的问题。[216]

本书选择知识团队 A 的知识位势、A 知识内生创造率、A 知识增长率、知识团队 B 的知识位势、B 知识内生创造率、B 知识增长率 6 个变量，分析这些变量在实际系统中的变化规律，再将模拟结果与之进行对比验证，对模型的有效性做出判断。

跨组织任务型团队联盟由 A 组织的团队（假定居于高知识位势）和 B 组织的团队（假定居于低知识位势）构成，任务型联盟知识学习与知识创新过程中，A 团队具有很强的知识创造能力，在原有较高知识位势的基础上，其知识资源通过正反馈机制的强化，在完成特定的任务后知识位势提升迅速，但由于人员结构与人员数量的约束，则团队在达到极限知识位势后，其知识位势基本上不再变化；B 团队具有利用性学习的优势，其知识位势在知识吸收、知识利用的过程中逐渐提升。图 6.13 显示了模型仿真过程中变量的变化情况。通过观察、对比，可以发现这些变量的模拟结果与实际系统中的变化规律比较一致，因此，本书对组织间任务型团队合作创新系统模型的构建是有效的。

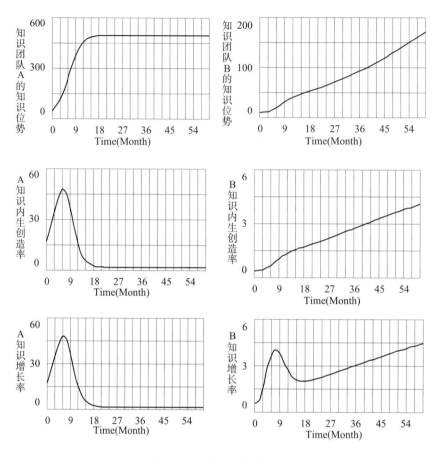

图 6.13　模型有效性测试

3. 模型敏感性测试

敏感性测试就是改变模型中的参数、结构，运行模型，比较模型的输出，从而确定其影响的程度，为实际工作提供政策和决策支持。[216] 敏感性测试主要有结构敏感性测试和参数敏感性测试两种，本模型主要是针对模型中的辅助变量进行敏感性测试。如果参数改变后模型的曲线有较大变化，则模型的参数是敏感的，否则是不敏感的。确定任务复杂度为本模型的敏感性因素，选择其来测试本模型的敏感性。将 A 任务复杂度由原始值 0.8 调整为 1.0，B任务复杂度由原始值 0.5 调整为 0.8，模拟结果如图 6.14 所示。

选择知识内生创造率和知识增长率为因变量，观察图中曲线可知，模型

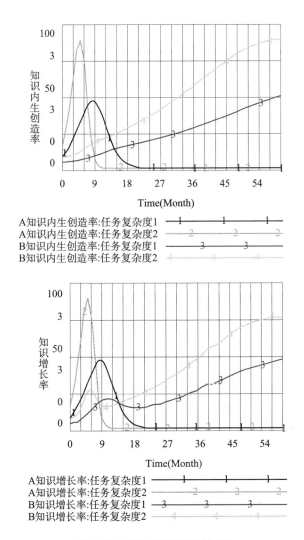

图 6.14　模型参数敏感性测试

的行为曲线在振幅大小上有所差异，但发展趋势并没有出现大的变化，说明模型参数是不敏感的，模型对参数的要求不需太苛刻，有利于模型在实际系统中的应用。

6.5　模型仿真与分析

　　本书利用建立的系统动力学存量流量图，通过改变模型中某些关键变量的参数与状态，分析关键变量在系统运行中对合作创新系统知识位势发展的作用机理，以得到一些能够有效管理任务型联盟合作学习与知识创新过程的有益启示。

1. 任务冲突

任务型团队联盟合作学习与知识创新过程中，当任务冲突强度分别是原来的1.2倍（任务冲突2情形）、1.5倍时（任务冲突3情形）时，其他参数保持不变，仿真结果如图6.15所示。

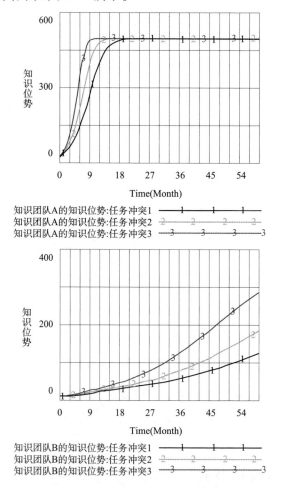

图 6.15   任务冲突对知识位势的影响

任务冲突强度提高，意味着团队成员基于各自的知识结构与知识深度对任务理解有更大分歧，以及该如何完成任务也有不同的见解，从而产生更多的任务冲突，然而，团队成员不遗余力地贡献自己的观点，以关注问题的有效解决，当对这种冲突行为进行合理引导与管理时，即有利于产生新的解决问题的观点与思维。由图可知，任务冲突可以提高原低位势团队的知识位势，可以缩短原高位势团队到达目标知识位势的时间，因此，在任务型团队联盟中，应该营造与鼓励多元思考的研究氛围，促进成员间的沟通与决策质量，加强任务冲突的正面效用，但同时也要控制与防止任务冲突转变为组织的关系冲突。

2. 团队—任务匹配效果

任务型团队联盟合作学习与知识创新过程中，当团队—任务匹配效果分别是原来的 1.2 倍（团队—任务匹配效果 2 情形）、1.5 倍时（团队—任务匹配效果 3 情形）时，其他参数保持不变，仿真结果如图 6.16 所示。

团队—任务匹配过程是一种知识学习的过程，通过有目的、主动性的学习获得相应的知识或者将学习的知识与现有知识相融合从而开发出新知识，以完成所规定任务的活动过程。团队—任务匹配效果的提升意味着虽然合作过程中存在对团队绩效有着正相关关系的任务相关冲突和负相关关系的关系冲突，然而从整体来看，团队冲突在团队学习过程中扮演着正面、积极的角色，并且其作用还得到加强，则这种过程对新知识的创造与知识的扩散、学习是有益的。由图可知，团队—任务匹配效果的提升可以提高合作团队的知识位势，因此，在任务型团队联盟中，应该根据任务环境与任务目标，进行合理的任务分派，识别与管理合理的知识互动行为，激发成员的创造潜能，推动知识共享工作，使知识更有效地在联盟内共享与利用，以达到最佳的团队—任务匹配效果。

3. 知识吸收能力

任务型团队联盟合作学习与知识创新过程中，当知识吸收能力分别是原来的 1.5 倍（知识吸收能力 2 情形）、2.0 倍时（知识吸收能力 3 情形）时，其他参数保持不变，仿真结果如图 6.17 所示。

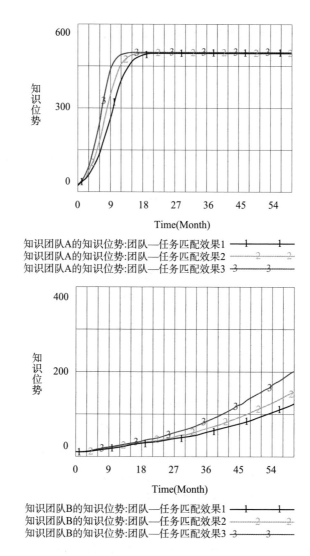

图 6.16   团队—任务匹配效果对知识位势的影响

知识吸收能力表示团队成员与关系对等的其他成员之间的技术经验进行交互作用的能力，这种能力包含既有知识和团队动机两个维度，任务型团队联盟的合作创新需要差异化、多样化的知识，所以，从团队外部吸收异质性知识是十分必要的，强大的知识吸收能力能引起知识在组织内部或组织间的转移过程中的高水平的溢出，从而对绩效产生重要影响。由图可知，知识吸

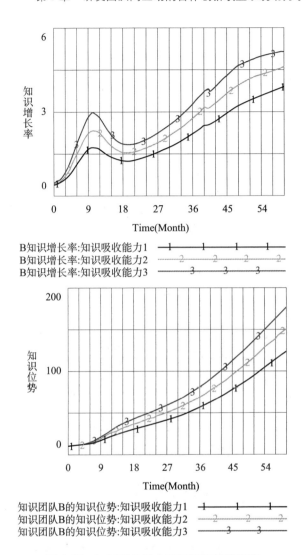

图 6.17　知识吸收能力对知识位势的影响

收能力的提高可以提升组织的知识增长率、提升组织的知识位势，因此，在任务型团队联盟中，应该优化配置组织的知识资源，以较优的知识位势投入创造过程，同时适当的组织激励策略与措施有利于知识吸收能力的增强。

4. 基准开放变化率

本书建立的系统动力学存量流量图中，基准开放变化率表示实际合作条件满足合作双方的预期与承诺时，双方知识资源共享的逐步增加程度。当基准开放变化率分别是初始值的 2.0 倍（知识开放水平 2 情形）、3.0 倍时（知识开放水平 3 情形）时，其他参数保持不变，仿真结果如图 6.18 和图 6.19 所示。

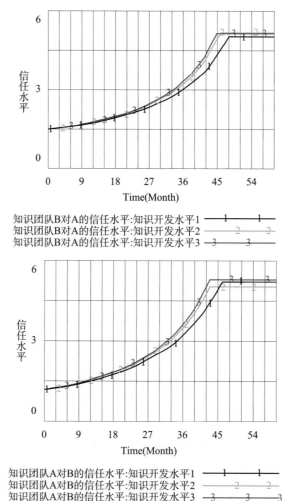

图 6.18　知识开放水平对组织间信任的影响

对于组织的显性知识，可以采取编码化的策略进行正式的知识共享，对于隐性知识，只能通过非正式的互动（如私下交流、参加实践社区等）进行

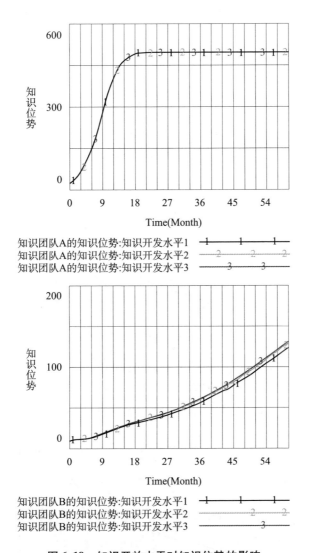

图 6.19　知识开放水平对知识位势的影响

非正式的知识共享。跨组织的团队间合作过程中，通过对方的知识共享努力、知识共享频率等的感知与评价可以了解其知识资源共享水平，组织基本知识的共享程度越大，联盟可利用的基本知识越多，因此联盟创造的新知识也将越多，组织从联盟获得的知识也越多，同时组织间信任程度也加强了。由图可知，知识开放水平的提高增加了组织间的信任水平，提高了低位势团队的知识存量，因此，任务型团队间合作，应根据合作目标，将知识共享与开放程度调至双方可接受的较大水平。

5. 基准信任变化率

本书建立的系统动力学存量流量图中，基准信任变化率表示实际合作条件满足合作双方的预期与承诺时，双方信任量的逐步增加程度。当基准信任变化率分别是初始值的 2.0 倍（信任水平 2 情形）、4.0 倍时（信任水平 3 情形）时，其他参数保持不变，仿真结果如图 6.20 和图 6.21 所示。

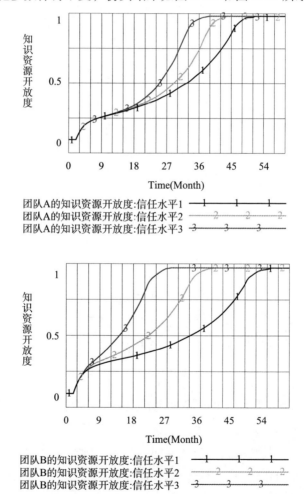

图 6.20　信任水平对知识资源开放度的影响

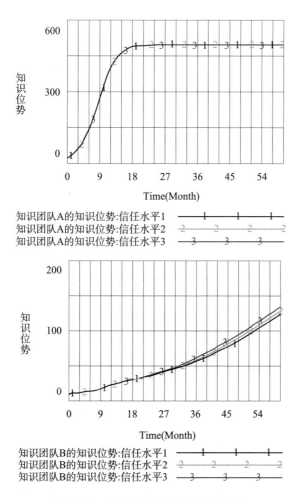

图 6.21 信任水平对知识位势的影响

相互信任是任务型团队合作的前提，联盟各组织要想适应创新型任务的环境，就必须在相互信任与各自的独立之间找到平衡，既要相互信任、遵守承诺又要面对不确定性对创新可能带来的风险，然而只有信任合作伙伴以及得到合作伙伴的信任，才能使异质性知识在联盟内部有效流动，增加新知识创造与知识利用效果的可能性，才能降低合作的风险。由图 6.20 和图 6.21 可知，信任水平的提高增加了组织间知识资源开放水平，提高了低位势团队的知识存量，而具有创造优势的高位势团队对信任水平的敏感度并不太明显。

因此，任务型团队间合作，劣势者一方更应该基于互惠互利的原则与其合作伙伴建立较高信任程度的合作创新联盟。

通过上述分析，关于促进跨组织知识团队合作创新效果，得到如下启示。

（1）营造适当的任务冲突环境，促进和谐的合作创新氛围。各种冲突在合作创新的组织中是不可避免的，冲突不可能被消灭，我们只能接受并利用它。分析表明，适当的任务冲突及有效引导有利于研发团队知识位势的增长，因此，合作创新组织尤其要充分地利用各种交流平台，对任务冲突进行建设性的管理与引导，使其对合作创新组织产生积极的影响。研发团队任务冲突主要源于对任务的认知与处理的不同，而各种形式的会议可以为任务冲突的解决提供交流与互动的平台，协调研发人员间知识互动、激发研发人员对任务深入理解。创新团队管理者需要管理并引导各类团队冲突，并学会采取合作、竞争、回避等不同的冲突处理方式，尽可能使冲突对组织的效能产生积极作用。

（2）对组织内影响团队—任务匹配效果的因素进行识别，并建立逐步完善的控制与管理方法。团队的知识广度以及团队的知识深度无疑对团队—任务匹配效果有着根本的影响，知识团队的知识溢出收益以及知识团队的知识吸收能力等对团队的学习能力、创造能力以及知识的利用能力都有影响，合作创新团队的管理者应能够预见到或者根据事件发生的具体场景来识别出影响团队—任务匹配效果的因素，并针对具体原因采取针对性的解决办法，提高合作创新组织的创新效果。

（3）在契约范围内尽可能提高知识共享范围与深度，提高组织团队间的信任水平。从前述研究中可以了解到，不同组织的团队的知识开放度与团队之间的信任水平是互为因果关系的，并且二者水平的提高皆有助于提高组织知识位势水平，有助于创新效果的改善，因此，任务型团队间合作创新应以信任为本，并以和谐互助的知识共享环境为支持条件。

6.6 本章小结

本章基于系统论的思想，在微观视角下对团队—任务互动合作创新系统进行研究，将其视为由系统输入、团队—任务互动过程和系统输出组成的动态创新系统。首先描述了任务型团队间合作创新系统的综合理论框架，提出了团队—任务互动过程由研发团队内互动、研发团队间互动、团队与任务互动过程构成的思想。其次，建立了合作创新联盟系统各子模块的因果关系图和子模块的流量图。然后，对模型进行了模型边界测试、模型有效性测试和模型敏感性测试，以验证所建立的系统动力学模型的合理性和实用性。最后，通过对模型进行仿真分析，探析关键变量在系统运行中对合作创新系统知识位势发展的作用机理，以得到一些能够有效管理研发团队内合作双方知识学习与创新过程的有益启示。

第7章　研发团队创新合作管理案例分析

7.1　某汽车企业基本情况

HG 公司为一家大型汽车企业，拥有轿车、微车、客车、SUV 等低中高档、宽系列、多品种的产品谱系的研发、生产与营销能力，先后与日本、美国等汽车制造企业形成了稳定的战略合作关系，生产合资品牌产品，并与上海交大、北理工等国内 8 大高校建立了"产学研"研发模式。在与国外汽车企业合作的过程中，吸收借鉴其先进的研发管理经验和方法，逐渐规划形成了 HG 公司的自主创新产品开发流程，建立了多级流程体系，并运用到其自主品牌的产品研发流程和项目管理实践中。这其中包括：根据产品开发难易程度，对产品开发进行分级；对不同研发级别的项目确定开发周期；对项目阶段、里程碑进行科学的界定与划分。微型车领域已经步入微利时代，HG 公司通过科技创新引领自主品牌发展，并对企业内部合作创新进行有效管理，降低研发成本、缩短研发周期、提高研发任务的成功率，从而更快更稳妥地开拓了既定的目标市场，为企业长远战略的平稳实施创造了一定的优势条件。

近几年，HG 公司为能够成功向中高级轿车领域进军，在借鉴传统领域平台、技术和规律的基础上，不断投入研发资源，产品创新团队的研发能力也有大幅提升。在新的系列产品研发过程中，其分布在多个国家和地区的研究院所作为研发的主力，可实现 24 小时不间断的全球协同设计。虽然公司内部具有产品开发的造型与总布置、结构设计与性能开发、仿真分析、样车制作与工艺、试验开发评估、新能源等多个方面产品开发的核心能力，但是由于在个别专业技术领域研发力量的薄弱或者研发经验的欠缺，需要与外部研发机构或者其供应商的研发人员共同合作创新，充实或者补足某项创新任务团队的创新力量，以努力达到产品部件系统中设计指标的要求，按时按质完成创新任务。上述为本案例企业的基本情况，下面分析 HG 汽车公司合作创新与管理过程的关键要素。

7.2　合作创新过程的支持环境分析与管理实践

7.2.1　公司内部成员—团队互动的基础创新环境分析

（1）搭建员工职业发展通道，促进研发技术人员不断成长成才。

HG 汽车自主品牌产品的研发机构由多个研究院所组成，各类各级专业研发人员 5000 余人，分布在多个国家和地区，分别主攻汽车造型研发、内外饰研发、发动机研发、底盘研发等技术的研究和开发任务，公司内部具有较复杂的合作创新关系网络，形成了有机联系、相互合作的全球研发格局。公司坚持以人为本、人才领先为原则，员工在纵向上可分别在高管序列、管理序列、专业序列、操作序列、支持序列内根据定期开展的任职资格认证进行逐级晋升；在横向上，可根据个人能力发展与各序列岗位的任职资格要求的匹配情况，选择跨职位序列的发展与晋升。

（2）逐渐完善的培训与学习体系，为员工知识学习与技术交流提供了多种平台。

① HG 公司坚持培养与引进相结合的原则，确立以"带队伍工程"为主要内容的人才培养体系，充分利用与国外汽车公司战略合作伙伴的关系，借助分布在全球设计中心的优势资源，通过传统讲授、赴合资企业或者海外研发机构学习交流、岗位练兵等形式，加强各层次员工的技能培养，逐步提高员工的专业化水平，使其技能逐步适应国际化要求。

② 一定岗位级别的技术人员每年必须为他人提供一定课时的技术培训，这种方式既可以保证一定比例的专业知识与技术在公司内员工间的知识交流与知识转移，也便于实现公司内部知识社会化和知识传承的管理工作。

③ 安排研发人员到海外工作与交流轮换。公司尤其重视对年轻人才的培养，大胆给项目、压担子，让这些年轻的技术人员全程参与产品开发过程，3个月到3年不等的在工作中学习以及在岗培训的历练，使得研发人员具有开发1~3个车型的经验，能够对国际前沿技术潮流进行跟踪把握。

④ 直接聘请海外专家，从事新产品开发和试制工作，构建与培育研发梯队进行技术传承，使其成为某个领域的领路人，对带动公司研发人员的新知识、新技术水平的提升，形成公司某领域的关键研发能力起到举足轻重的作用。专家们每个月给企业写工作建议报告，部门领导经常与其进行沟通，这种互动也为资源的积累与企业成长提供了平台。

近几年来，HG公司的研发队伍规模增长迅速，学历结构逐步改善，高学历人才比重增长，使公司在研发阶段中能够承担CAD任务、CAE任务、SE任务、试验任务，试制任务数量与研发能力等都呈显著增长态势。尤其是开发了自主品牌的具有高效节能环保的动力总成产品，使HG公司具有了自主研发多项动力领先技术的能力。

（3）信息系统的建设与逐步完善，为员工提供了便捷的知识交流环境，提高了研发效率与知识管理工作的效率。

① HG公司在产品设计研发上投入巨资，如对产品创新至关重要的数字化设计软件，通过培训交流与技术学习使研发人员提高在线设计能力，同时大力推进在线研发设计工作，以保持研发数据的实时性，保证研发数据共享水平的提高，提升研发效率和日常数据管理的工作效率，提升多地区多任务间的研发协同效率，缩减新产品的研发周期，而且通过产品数据库、试验数据库、benchmark数据库的建设，开始注重对科研设计成果的数据管理与二次开发。

② 协同管理信息系统的建设与逐步优化有助于HG研发团队工作效率的改进，支撑了HG公司全球研发管理协同工作，为控制研发质量、提高研发人员之间的信息交流提供了支持与保障，同时也便于研发任务的时间管理与研发流程的可视化管理。

（4）健全的福利体系和市场化的薪酬标准，激励员工为创新任务和公司发展努力。

除了按照国家规定为员工提供法定福利外，公司还建立起一系列个性化、多样化的企业补充福利体系，对员工的成绩给予充分认可和肯定。将"按绩取酬"、"促进能力发展"作为分配理念，基于市场薪酬水平，通过对所在内部和所在任务团队的同事和管理人员的评估后，结合公司的经营业绩和效益进行薪酬的发放。

7.2.2　公司内部团队—任务互动的创新环境分析

（1）为保证对研发创新工作的全面管理，建立与实施全生命周期的研发流程管理体系。

HG 公司在充分调研的基础上，学习借鉴行业内先进汽车生产企业的产品开发流程，探索出一套具有公司自身特色的研发流程管理体系，并利用重大项目的研发经验，对现有流程进行优化，逐步积累起了丰富的研发管理经验。研发管理体系侧重新产品开发全过程中各种资源的管理以及设计、实验规范标准的建立，体系的实施使其全新车型的开发周期缩短了 14%，成本降低了 25%。通过研发过程中关键节点的确立，实现了开发设计流程从趋势分析到造型设计，再到工程化设计、仿真分析、试验验证，直至市场反馈和设计改进的完整闭环控制，在研发管理过程中有效实现了对产业链中各类资源的管理。在研发各阶段，实行派工计划和实时工时相结合的原则，积累不同产品开发阶段的工时和人员等基础数据，强化了研发周期的控制与管理，并且为产品研发任务的绩效评估提供了依据。

（2）对各种级别的研发任务进行全要素管理。

根据研发任务的创新程度与复杂程度将研发任务分成 6 个级别，并据此界定任务的研发周期。对于较高复杂度的创新任务，一个研发人员只能参与一项；而在能够完成较高复杂度的创新任务前提下，可同时再参与两项较低复杂度等级的创新任务，这样，既可以使研发人员将更多的精力投入研发任务中，又便于不同任务间的知识共享与知识利用。

采用项目管理方法，对研发任务的计划与进度进行科学管理，基于里程碑管理理念，对关键节点的任务进程进行控制与管理。构建研发质量管理体系，开展研发成果的质量科学管理工作，非常重视关键研发任务的质量管理。采用专员制度，研发任务的日常信息与数据交流、质量管理等工作由专门人员负责进行协调与沟通管理。

严格按照研发流程，对任务范围及其各级子任务的变更实行管理与控制。这种变更及其变更流程的信息，相关研发人员可以在协同管理信息系统中获取。

（3）根据研发任务的需要，构建知识结构合理的研发团队，并进行知识体系管理。

HG公司的新产品研发采用了国际上通用的矩阵式的产品开发结构。横向的是产品中心，包括A&B平台中心、C&D平台中心、商用车中心和动力中心、新能源研发中心等五大研发中心；纵向是性能中心，包括NVH、碰撞安全、操控、车身技术、CAE和可靠性等方面。这种团队研发管理方式强调汽车振动与噪声、碰撞安全、操控性、燃油经济性等方面的"性能开发"，并把它作为一个理念贯穿到产品开发过程中，这种开发模式虽然可能会有较大的研发投入，但从长期看有利于保证产品的质量，提升品牌知名度。

HG公司汽车研究部门逐步进行知识体系的建立工作，包括车型数据库、试验数据库、benchmark数据库、培训知识体系、经验积累体系及各种信息资料等。不仅关注于现有产品的开发与知识成果存储工作，还不断思考共性技术和方法的研究以及前沿技术和基础科学的研究工作的开展问题。

（4）面向任务的研发团队的合作与交流机制。

一方面，电话会议、视频会议、电脑视频等为任务小组间的异地交流提供了可能与便捷；另一方面，通过小组讨论会、任务例会、专题会议、报告会等各种形式的交流平台，可妥善处理与解决任务创新过程中的任务冲突，并协调研发人员之间的情感冲突。

如在研发项目的每周例会中，由各位副总工程师分别负责陈述本周工作的进程、本周任务完成情况、下周工作计划、问题与建议等，然后由项目管理员将例会纪要以周报的形式通报给所有相关的研发人员；若某位研发人员对其负责的某块任务有了新的疑问，其可先自由组织讨论小组进行充分的沟通与协调，若未果，则可向副总工程师求助等。项目内自由的知识交流与充分的任务信息共享渠道，为组织间研发人员合作创新提供了较好的团队工作氛围。

HG 公司通过实行团队带动团队的方式，重视优秀团队的带动作用，为更多优秀团队的复制创造条件。比如针对新品研发的特点，成立了发动机专家团队，专门负责关键任务设计过程的管理，对产品研发过程中的技术风险进行识别与处置，这样既能快速培育年轻的技术团队，又能带动团队成员之间、团队之间对产品开发中各种问题的技术讨论、技术交流、经验总结和知识共享，促进团队内部与各团队间的知识扩散和知识传承。

7.2.3　联盟内团队间互动的合作创新环境分析

目前，中国汽车行业在研发技术、机械制造等方面与世界汽车巨头们还存在一定的差距，"没有设计能力的汽车公司是不完整的汽车公司"，HG 公司选择与国外汽车公司合作不仅是由于某个新产品的研发需要而搞合作创新，而且是为了企业的长远发展，为了企业自主创新能力的提高，即 HG 汽车在自主开发能力形成的过程中，借助国内国外可以利用的资本、管理、技术、知识等资源来发展自己。

（1）建立相互信任、资源共享的合作创新氛围。

由于目前对关键零部件系统的技术掌握不够，HG 公司的技术人员需要联合第三方设计公司的技术人员或者 HG 公司供应商的技术人员等形成研发团队，进行联合设计攻关，完成新产品新技术的研发任务。在一款新产品研发期间，这种多组织间联合研发团队共享实验分析室、试验室与试制车间等硬件资源，也在一定程度上一定范围内共享着合作者的知识资源。比如合作方对 HG 公司相关研发人员进行技术培训，分享研发经验，同时，合作方使用 HG 公司的在线协同研发软件，在一定权限下获取研究所需的相关数据，并且双方在合作中形成共同努力解决技术问题的工作思维方式，建立起相互信任的合作氛围。

（2）在与外部合作中学习，提高了 HG 研发人员与创新任务需求相匹配的能力。

与国内外汽车设计公司以及供应商等合作研发，可以弥补 HG 公司在某些专业领域上资源的不足，在合作中主动学习，有助于提高 HG 公司研发人员的技术能力。如 HG 公司选择与派遣合适的员工进入到研发团队中，与国外汽车公司的技术人员一起合作，3 个月至 3 年不等的合作创新的经历，使 HG 公司研发人员具有开发 1 ~ 3 个车型的工作经验，逐步提高 HG 公司设计人员对参数的分析能力，逐步拓展和培养与其专业密切相关领域的设计与实验分析能力，在其设计经验培育过程中也完善了知识结构，可以更快地满足 HG 公司新的研发任务对人员能力的要求，而且这些与外部机构有过合作研发经历的员工，是将外部先进的研发知识和优秀的项目管理经验运用到公司产品研发的重要渠道。

（3）合作策略与 HG 研发模式为"研发能力与企业发展相匹配"提供了支持。

为了更好地学习国外先进的汽车技术，2001 年始与国外的开发设计公司展开合作，陆续与国外的汽车设计、发动机设计公司合作，并全面参与了包括造型、车身、发动机等重要环节的设计。通过合作与学习，HG 公司逐步形成了"以我为主，自主研发"的研发模式，实现了从合作开发向自主开发转移的战略，由初步参与到做一些设计工作，再到主要由 HG 公司牵头，承担半数以上的开发设计任务。

如在合作之初，HG 公司承担的 CAD 任务量约 20%，CAE、试验和试制工作只能参与到其中，主要依靠企业外部的力量；而在 2006 年，某产品创新任务中，HG 公司进行 CAD 工作的比例增加到 50%，试验任务工作量承担约 90%，试制工作主要依靠公司内部的力量即可完成；现在从 CAD 制图、CAE 分析一直到试验、试制工作，基本上可独立完成各阶段的研发设计任务。

第8章 结论与展望

8.1 本书的主要结论

组织间团队合作创新过程中，研发团队既要通过团队间知识互动进行知识学习，同时合作双方也需要基于各自的知识位势特征在团队与任务互动过程中进行知识创造。本书提出了团队—任务互动的合作创新系统这一研究命题，从系统论的角度，采用文献分析、数理建模与博弈分析、调查与案例分析、系统动力学分析等方法，对团队—任务互动过程的合作创新机理进行了探究，并取得了如下研究成果。

（1）通过对知识位势的概念进行深入解析，构建了研发团队知识创新概念模型，认为知识位势维、任务空间维、时间演进维构成了研发团队知识创新过程的研究空间；认为研发团队知识创新过程既包含成员—团队互动创新过程，也包含团队—任务互动创新过程，且团队的知识结构和存量在任务执行过程中发生演变；对研发团队间的互动创新过程及其影响因素进行了描述与分析。

（2）对研发团队间的知识学习行为进行了界定，在对其内涵进行深入分析的基础上，将开展组织间合作创新的研发团队视为一个知识系统，建立了基于任务互动的团队间合作学习的微分动力学模型。认为知识供应者团队和知识捕食者团队对系统知识位势水平发展的影响是相异的，知识供应者团队对合作系统的知识位势水平的增长有着绝对的控制力。

（3）技术型企业及其研发团队需要对合作学习产生的新知识以及原有的

知识资源进行知识管理。研发团队应该参与各项知识管理活动，有利于为研发团队的创新工作提供持续更新的知识源。通过采取数理建模研究的方法，构建考虑研发团队间知识位势差异的合作创新绩效模型，分析不同知识位势情境下，研发团队的创新投入决策问题，得出团队知识资源投入的演变趋势与其知识资源在知识产出中的重要性正相关，且团队的边际收益、知识创新的努力水平皆有利于提高团队知识投入。企业应该建立支持研发团队创新的知识管理实践机制。

（4）对研发团队合作创新过程中的冲突及其管理问题进行了研究。从团队成员个体特征、研发团队所执行任务的特征、研发团队方面、研发团队所处环境等4个方面对引发团队冲突的前因进行了简述。基于时间演进维的研究视角，对团队—任务互动过程中任务冲突管理行为的演化机理进行了分析，认为合作系统中任何一方的冲突处理成本小于积极协调下创新收益的增加量时，组织一般采取积极协调行为解决任务冲突。对冲突协调与沟通管理方法进行研究，分析了团队沟通有效性的影响要素，提出了几种可采取的团队沟通形式。

（5）在微观视角下对团队—任务互动合作创新系统进行研究，将其视为由系统输入、团队—任务互动过程和系统输出组成的动态创新系统。在研发团队间合作创新系统的综合理论框架基础上，通过构建系统动力学模型，深入细致地分析了研发团队间的创新互动过程，探析任务冲突、团队—任务匹配效果、知识吸收能力、基准开放变化率、基准信任变化率等关键变量对合作创新系统的作用机理；最后，对某企业的研发团队参与合作创新任务方面的管理实践做了梳理与分析。

8.2 研究局限与展望

本书是以研发团队间合作的视角对创新联盟开展的探索性的理论研究，尽管本书的研究具有一定的创新性，也得出了一些较有意义的结论，但由于本书仍然处于理论探索阶段，在对研发团队的知识资源管理等方面的研究存在不完善的地方，这需要在未来的研究中进一步深化和完善，并以此为基础探讨下一步的研究方向。

（1）本书以两个组织的研发团队合作为例，开展了一系列的探索性研究。团队—任务互动过程、团队—团队互动过程发生多次的结果，就可能产生多组织间的复杂的合作网络，可通过实证研究的方法，探究合作网络对创新团队间合作成功的影响规律。

（2）研发团队与任务匹配的过程是与团队能力、团队合作经验、任务复杂性、合作组织知识共享及创新氛围密切相关的，有关影响研发团队与任务匹配效果的使能因素及其作用机理还有待于深入研究。

（3）在合作创新活动高度复杂化和创新合作组织虚拟化的时代，如何做到异地研发团队间的知识交流与知识转移的有序化和无障碍化，包括知识媒介、创新经验等对异地协同创新团队成功的作用机理是什么，都是值得深入探索的问题。

附录　研发团队合作创新访谈大纲

1. 两方单位（单位名称，单位性质）共同研发什么产品（全新型/改进型）? 两企业原来的合作历史?

2. 共同合作研发的行业背景与竞争情况是什么? 即发起原因是什么? 创意发起时间，设计、试制、量产经历时间? 合作单位的选择原因与条件? 各方的行业内地位和创新优势是什么? 本次合作创新两方的目的与预期贡献是什么?

3. 两方合作时面临哪些方面的困难? 如在行业竞争压力、信任、文化、信息系统的使用等方面的现实问题?

4. 在合作过程中，双方面临的困难以及在管理与技术上出现的难题是什么? 双方是如何解决的?

5. 合作研发工作流程/过程及与其他部门关系? 与自主研发流程异同点?

6. 挑选人员进入合作研发团队的条件? 主要是专业经验? 您进入团队的原因? 合作项目小组成员的专业经验与分工? 个人与管理者如何实现同时开发多个新产品? 项目管理者职责，技术主管职责? 一般研发团队工作人员数量? 研发周期?

7. 合作前及合作过程中，技术人员的培训与学习形式? 什么培训形式较好?

8. 技术人员之间的交流方式? 如书面、网络、面对面? 技术人员之间的交流形式? 如会议、例会、讨论、报告会。

9. 如何寻找可讨论的人，按流程或非正式方式? 此人为你方或者对方人员？你遇到技术难题时，如何解决？举例说明。交流双方获益情况如何？你会向项目组成员（包括己方与合作方）毫无保留地贡献自己的相关知识吗？是否经常出现任务冲突？你从项目合作中得到哪方面的成长？你认为管理合作团队最重要的内容是什么？如何判断与管理知识分享中的开放度？

10. 如何解决过程中的任务冲突与关系冲突？

11. 项目对合作过程及结果的各种资料的整理方式有哪些？如××报告、××设计规范、××交流会、××成果资料库。

12. 各合作组织的上级或主管领导在其中如何发挥沟通与指导作用？

13. 怎样控制研发工作的质量？研发失败的案例有哪些？

14. 双方投入的资源种类与数量（包括人员结构与数量）有多少？知识产权的保护与利用问题。

15. 创新成果的激励规则与激励方式是什么？

16. 试对双方合作过程与成果进行评价。

17. 企业与其他力量合作研发与独立研发的比例是多少？独立研发条件是什么？合作研发项目与企业核心业务有什么样的关系？合作研发对提升企业哪方面的能力有明显帮助？

18. 如何管理员工保护知识产权？沟通与培训方式有哪些？员工流动如何管理？网络的使用情况如何？此方面问题合作企业的处理方式是什么？

19. 合作过程中采取什么措施提高知识吸收效果与合作效率？

20. 组织间信任的行为与知识开放活动支持表现在哪些方面？如信息系统的使用与开放，信任的文化，财力、人力资源的投入。

参考文献

［1］周楚卿. 长安汽车以创新自主品牌亮相法兰克福车展［EB/OL］. http：//news. xin-huanet. com/ world/2011 － 09/14/c_ 122030351. htm，2011 － 09 － 14.

［2］李华. 长安 EADO 逸动荣膺 2012CCTV 年度紧凑型乘用车［EB/OL］. http：// scjjrb. newssc. org/ html/2013 － 01/24/content_ 1780487. htm，2013 － 01 － 24.

［3］Rousseau V. et al. Teamwork Behaviors：A review and an integration of frameworks［J］. Small Group Research，2006，37（5）：540 － 570.

［4］Im G，Rai A. Knowledge sharing ambidexterity in long － term interorganizational relation-ships［J］. Management Science，2008，54（7）：1281 － 1296.

［5］Argote L，McEvily B，Reagans R. Managing knowledge in organizations：an integrative framework and review of emerging themes［J］. Management Science，2003，49（4）：571 － 582.

［6］现代汉语词典［M］. 北京：商务印书馆，2012.

［7］Longman Dictionary of Contemporary English［M］. Beijing：Foreign Language Teaching and Research Press，2004.

［8］Wiig K M. Knowledge Management Foundations：Thinking about Thinking：how People and Organizations Represent，Create，and Use Knowledge［M］. Arlington：Schema Press，1993.

［9］Polanyi M. Personal Knowledge［M］. Chicago：the University of Chicago Press，1958.

［10］Nonaka I. Von Krogh G. Tacit knowledge and knowledge conversion：Controversy and advancement in organizational knowledge creation theory，Organization Science，2009，20（3）：635 － 652.

［11］彼得·德鲁克. 知识管理［M］. 北京：中国人民大学出版社，2000.

[12] Amidon D M. Innovation strategy for the knowledge economy: the ken awakening [M]. Boston: butterworth Heinemann, 1977.

[13] Popadiuk S, Choo C W. Innovation and knowledge creation: How are these concepts related [J]. International Journal of Information Management, 2006 (26): 302 – 312.

[14] 狄德罗. 百科全书 [M]. 梁从诫, 译. 广州: 花城出版社, 2007.

[15] 傅家骥. 技术创新学 [M]. 北京: 清华大学出版社, 1998.

[16] Ettlie J E, Bridges W P, Okeefe R D. Organization Strategy and Structural Differences for Radical versus Incremental Innovation [J]. Management Science, 1984, 30 (6): 682 – 695.

[17] Jansen Justin J P, Van den Bosch, Frans A J, Volberda Henk W. Exploratory Innovation, Exploitative Innovation, and Performance: Effects of Organizational Antecedents and Environmental Moderators [J]. Management Science, 2006, 52 (11): 1661 – 1674.

[18] Keupp M M, Palmie M, Gassmann O. The Strategic Management of Innovation: A Systematic Review and Paths for Future Research [J]. International Journal of Management Reviews, 2012, 14 (4): 367 – 390.

[19] 辛枫冬. 论知识创新与制度创新、技术创新、管理创新的协同发展 [J]. 宁夏社会科学, 2009, (3): 47 – 50.

[20] Nonaka I, et al. SECI, Ba and leadership: a unified model of dynamic knowledge creation [J]. Long Range Planning, 2000, 33 (01): 5 – 34.

[21] Nonaka I, von Krogh G, Voelpel S. Organizational knowledge creation theory: Evolutionary paths and future advances [J]. Organization Studies, 2006, 27 (8): 1179 – 1208.

[22] 王娟茹, 赵嵩正, 杨瑾, 等. 企业知识创新的模型及其关键因素研究 [J]. 科学管理研究, 2004, 22 (5): 32 – 35.

[23] 党兴华, 李莉. 技术创新合作中基于知识位势的知识创造模型研究 [J]. 中国软科学, 2005, (11): 143 – 148.

[24] Brännback M. R&D collaboration: role of Ba in knowledge creating networks [J]. Knowledge Management Research & Practice, 2003 (1), 28 – 38.

[25] 和金生, 熊德勇, 刘洪伟, 等. 基于知识发酵的知识创新 [J]. 科学学与科学技术管理, 2005, 26 (2): 54 – 57, 129.

[26] 邹波, 张庆普, 田金信, 等. 企业知识团队的生成及知识创新的模型与机制 [J].

科研管理, 2008, 29 (2): 81 - 88.

[27] 史丽萍, 唐书林. 基于玻尔原子模型的知识创新新解 [J]. 科学学研究, 2011, 29 (12): 1797 - 1806, 1853.

[28] 樊治平, 李慎杰. 知识创造与知识创新的内涵及相互关系 [J]. 东北大学学报 (社会科学版), 2006, 8 (2): 102 - 105.

[29] Bassi L J. Harnessing the Power of Intellectual Capital [J]. Training and Development, 1997, 51 (12): 25 - 30.

[30] Wiig K M. knowledge management: where did it come from and where will it go? [J]. Expert Systems with Applications, 1997, 13 (1): 1 - 14.

[31] 张润彤, 曹宗媛, 朱晓敏. 知识管理概论 [M]. 北京: 首都经济贸易大学出版社, 2005.

[32] Hansen M T, Nohria N, Tierney T. what's your strategy for managing knowledge? [J]. Harvard Business Review, 1999, March - April: 106 - 116.

[33] Chang C M, Hsu M H, Yen C H. Factors affecting knowledge management success: the fit perspective [J]. Journal of Knowledge Management, 2012, 16 (6): 847 - 861.

[34] Ruggles R. The state of the notion: knowledge management in Practice [J]. California Management Review, 1998, 40 (3): 80 - 89.

[35] McAdma R. Knowledge management as a catalyst for innovation within organizations: a qualitative study [J]. Knowledge and Poreess Management, 2000, 7 (4): 233 - 241.

[36] Holsapple C W, Joshi K D. Knowledge manipulation activities: results of a Delphi study [J]. Information & Management, 2002, 39 (6): 477 - 490.

[37] Gloet Marianne, Terziovski M. Exploring the relationship between knowledge management practices and innovation performance [J]. Journal of Manufacturing Technology Management, 2004, 15 (5): 402 - 409.

[38] 韩维贺, 李浩, 仲秋雁, 等. 知识管理过程测量工具研究: 量表开发、提炼和检验 [J]. 中国管理科学, 2006, 14 (5): 128 - 136.

[39] 朱秀梅, 姜洋, 杜政委, 等. 知识管理过程对新产品开发绩效的影响研究 [J]. 管理工程学报, 2011, 25 (4): 113 - 122.

[40] Darroch J. Knowledge management, innovation and firm performance [J]. Journal of Knowledge Management, 2005, 9 (3): 101 - 115.

［41］ Lopez—Nicolas C, Merono—Cerdan A L. Strategic knowledge management, innovation and performance ［J］. International Journal of Information Management, 2011, 31 (6): 502 – 509.

［42］ Esterhuizen D, Schutte, C S L, du Toit A S A. Knowledge creation processes as critical enablers for innovation ［J］. International Journal of Information Management, 2012, 32 (4): 354 – 364.

［43］ Li S T, Chang W C. Exploiting and transferring presentational knowledge assets in R&D organizations ［J］. Expert Systems with Applications, 2009, 36 (1): 766 – 777.

［44］ Korposh D, Lee Y C, Wei C C. Modeling the effects of existing knowledge on the creation of new knowledges ［J］. Concurrent Engineering—Research and Applications, 2011, 19 (3): 225 – 234.

［45］ Alwis R S, Hartmann E. The use of tacit knowledge within innovative companies: Knowledge management in innovative enterprises ［J］. Journal of Knowledge Management, 2008, 12 (1): 133 – 147.

［46］ Ko D G, Kirsch L J, King WR. Antecedents of knowledge transfer from consultants to clients in enterprise system implementations ［J］. MIS Quarterly, 2005, 29 (1): 59 – 85.

［47］ 杨雷, 姜明月. 知识学习对动态群体决策观点收敛时间的影响研究 ［J］. 管理学报, 2011, 08 (8): 1201 – 1206, 1262.

［48］ Alegre J, Pla – Barber J, et al. Organisational learning capability, product innovation performance and export intensity ［J］. Technology Analysis & Strategic Management, 2012, 24 (5): 511 – 526.

［49］ Gebauer H, Worch H, Truffer B. Absorptive capacity, learning processes and combinative capabilities as determinants of strategic innovation ［J］. European Management Journal, 2012, 30 (1): 57 – 73.

［50］ Holmqvist M. A dynamic model of intra—and interorganizational learning ［J］. Organization Studies, 2003, 24 (1): 95 – 123.

［51］ Bessant J, Alexander A, Tsekouras G. Developing innovation capability through learning networks ［J］. Journal of Economic Geography, 2012, 12 (5): 1087 – 1112.

［52］ March J G. Exploration and exploitation in organizational learning ［J］. Organization Science, 1991, 2 (1): 71 – 87.

[53] He Z, Wong P. Exploration and exploitation: an empirical test of the ambidexterity hypothesis [J]. Organization Science, 2004, 15 (4): 481 –94.

[54] Raisch S, Birkinshaw J. Organizational ambidexterity: antecedents, outcomes, and moderators [J]. Journal of Management, 2008, 34 (3): 375 –409.

[55] Atuahene—Gima K. Resolving the capability—rigidity paradox in new product innovation [J]. Journal of Marketing, 2005, 69 (10): 61 –83.

[56] He Z L, Wong P K. Exploration vs. exploitation: an empirical test of the ambidexterity hypothesis [J]. Organization Science, 2004, 15 (4): 481 –494.

[57] Katzenbach J, Smitll D K. The Discipline of teams [J]. Harvard Business Review, 2005, 83 (7 –8): 162 –171.

[58] Hoegl M, Parboteeah K P, Munson C L. Team level antecedents of individuals' knowledge networks [J]. Decision Sciences, 2003, 34 (4): 741 –770.

[59] Jehn K A, Northcraft G B, Neale M A. Why differences make a difference: a field study of diversity, conflict, and performance in workgroups [J]. Administrative Science Quarterly, 1999, 44 (4): 741 –763.

[60] Jehn K A, Chadwick C, Thatcher S M B. To agree or not to agree: the effects of value congruence, individual demographic dissimilarity, and conflict on workgroup outcomes [J]. International Journal of Conflict Management, 1997, 8 (4): 287 –305.

[61] Jehn KA. A Multimethod examination of the benefits and detriments of intragroup conflict [J]. Administrative Science Quarterly, 1995, 40 (2): 256 –282.

[62] Mitchell R, Parker V, et al. Perceived value congruence and team innovation [J]. Journal of Occupational and Organizational Psychology, 2012, 85 (4): 626 –648.

[63] Olsen J E, Martins L L. Understanding organizational diversity management programs: a theoretical framework and directions for future research [J]. Journal of Organizational Behavior, 2012, 33 (8): 1168 –1187.

[64] Mueller J. Knowledge sharing between project teams and its cultural antecedents [J]. Journal of Knowledge Management, 2012, 16 (3): 435 –447.

[65] Minbaeva D, Pedersen T, Björknan I, et al. MNC knowledge transfer, subsidiary absorptive capacity, and HRM [J]. Journal of International Business Studies, 2003, 34 (6): 243 –265.

［66］ Nemanich L A, Keller R T, et al. Absorptive capacity in R&D project teams: a conceptualization and empirical test ［J］. IEEE Transactions on Engineering Management, 2010, 57 (4): 674–688.

［67］ Basaglia S, Caporarello L, et al. IT knowledge integration capability and team performance: The role of team climate ［J］. International Journal of Information Management, 2010, 30 (6): 542–551.

［68］ Langfred C W. Autonomy and performance in teams: The multilevel moderating effect of task interdependence ［J］. Journal of Management, 2005, 31 (4): 513–529.

［69］ Vera D, Crossan M. Improvisation and innovative performance in teams ［J］. Organization Science, 2005, 16 (3): 203–224.

［70］ Mathisen G E, Martinsen O, Einarsen S. The relationship between creative personality composition, innovative team climate, and team innovativeness: An input–process–output perspective ［J］. Journal of Creative Behavior, 2008, 42 (1): 13–31.

［71］ Sundgren M, Dimenäs E, et al. Drives of organizational creativity: a path model of creative climate in pharmaceutical R&D ［J］. R&D Management, 2005, 35, (4): 359–374.

［72］ Klijn M, Tomic W. A review of creativity within organizations from a psychological perspective ［J］. Journal of Management Development, 2010, 29 (4): 322–343.

［73］ Chen M H. Understanding the benefits and detriments of conflict on team creativity ［J］. Creativity and Innovation Management, 2006, 15 (1): 105–116.

［74］ Isaksen S G, Akkermans H J. Creative Climate: A leadership lever for innovation ［J］. Journal of Creative Behavior, 2011, 45 (3): 161–187.

［75］ Pieterse A N, van Knippenberg D, van Ginkel W P. Diversity in goal orientation, team reflexivity, and team performance ［J］. Organizational Behavior and Human Decision Processes, 2011, 114 (2): 153–164.

［76］ Dayan M, Basarir A. Antecedents and consequences of team reflexivity in new product development projects ［J］. Journal of Business & Industrial Marketing, 2010, 25 (1): 18–29.

［77］ Hoegl M, Parboteeah K P. Team reflexivity in innovative projects ［J］. R&D Management, 2006, 36 (2): 113–125.

［78］ King E B, Hebl M R, Beal D J. Conflict and cooperation in diverse workgroups ［J］. Journal of Social Issues, 2009, 65 (2): 261–285.

[79] Koch A H. Authority and managing innovation: a typology of product development teams and communities [J]. Creativity and Innovation Management, 2012, 21 (4): 376 – 387.

[80] Wilson K, Doz Y L. 10 Rules for managing global innovation [J]. Harvard Business Review, 2012, 90 (10): 84 – 90.

[81] Vaccaro A, Veloso F, Brusoni S. The impact of virtual technologies on knowledge – based processes: An empirical study [J]. Research Policy, 2009, 38 (8): 1278 – 1287.

[82] Gasik S. A model of project knowledge management [J]. Project Management Journal, 2011, 42 (3): 23 – 44.

[83] Burgess D. What motivates employees to transfer knowledge outside their work unit? [J]. Journal of Business Communication, 2005, 42 (4): 324 – 348.

[84] Koskinena K U, Pihlantob P, et al. Tacit knowledge acquisition and sharing in a project work context [J]. International Journal of Project Management, 2003, 21 (4): 281 – 290.

[85] Schulze A, Hoegl M. Knowledge creation in new product development projects [J]. Journal of Management, 2006, 32 (2): 210 – 236.

[86] Hsu B F, Wu W L, Yeh R S. Team personality composition, affective ties and knowledge sharing: a team – level analysis [J]. International Journal of Technology Management, 2011, 53 (2 – 4): 331 – 351.

[87] Wang, W T, Ko N Y. Knowledge sharing practices of project teams when encountering changes in project scope: a contingency approach [J]. Journal of Information Science, 2012, 8 (5): 423 – 441.

[88] Wu W L, Hsu B F, Yeh R S. Fostering the determinants of knowledge transfer: a team – level analysis [J]. Journal of Information Science, 2007, 33 (3): 326 – 339.

[89] Sabherwal R, Becerra—Fernandez I. Integrating speci? c knowledge: insights from the kennedy space center [J]. IEEE Transactions on Engineering Management, 2005, 52 (3): 301 – 315.

[90] Lee L Y, Fu C S, et al. The effects of a project's social capital, leadership style, modularity, and diversification on new product development performance [J]. African Journal of Business Management, 2011, (1): 142 – 155.

[91] Fusfeld H I, Haklisch C S. Cooperative R-AND-D for competitors [J]. Harvard Business

Review, 1985 (11/12): 60 – 76.

[92] Atallah G. Research joint ventures with asymmetric spillovers and symmetric contributions [J]. Economics of Innovation and New Technology, 2007, 16 (7): 559 – 586.

[93] Busom I, Fernández—Ribas A. The impact of firm participation in R&D programmes on R&D partnerships [J]. Research Policy, 2008, 37 (2): 240 – 257.

[94] 鲁若愚, 傅家骥, 王念星. 企业大学合作创新混合属性及其影响 [J]. 科学管理研究, 2004, 22 (3): 13 – 16.

[95] 汪忠, 黄瑞华. 合作创新的知识产权风险与防范研究 [J]. 科学学研究, 2005, 23 (3): 419 – 424.

[96] 鲁若愚, 张鹏, 张红琪, 等. 产学研合作创新模式研究——基于广东省部合作创新实践的研究 [J]. 科学学研究, 2012, 30 (2): 186 – 193, 224.

[97] 翟运开. 企业间合作创新的知识转移及其实现研究 [J]. 工业技术经济, 2007, 26 (3): 43 – 46.

[98] 周赵丹, 刘景江, 许庆瑞, 等. 合作创新形式的研究 [J]. 自然辩证法通讯, 2003, 25 (5): 61 – 64.

[99] 罗炜, 唐元虎. 企业合作创新的组织模式及其选择 [J]. 科学学研究, 2001, 19 (4): 103 – 108.

[100] 丛海涛, 唐元虎. 知识外溢对合作创新组织模式选择的影响 [J]. 上海交通大学学报, 2006, 40 (9): 1544 – 1548.

[101] 张蜜. 应对新标准长城携手博世、博格华纳 [EB/OL]. http://auto.ifeng.com/roll/20111014/ 693332. shtml, 2011 – 10 – 08.

[102] 飞兆半导体与英飞凌科技就创新型汽车 MOSFET H-PSOF TO 无铅封装技术达成许可协议 [J]. 半导体技术, 2012, 37 (5): 408.

[103] 徐方正. 协同创新深化校企合作, 推动国家创新型体系建设 [EB/OL]. http://news. cqu. edu. cn/ news/article/article_ 44924. html, 2012 – 06 – 01.

[104] 关璐. 奇瑞广汽联姻以优化成本/技术共享为主 [EB/OL]. http://auto. ifeng. com/news/special/guangqiqirui/20121107/824888. shtml, 2012 – 11 – 07.

[105] Lin B W, Wu C H. How does knowledge depth moderate the performance of internal and external knowledge sourcing strategies? [J]. Technovation, 2010 (30): 582 – 589.

[106] Emden Z, Calantone R J, Droge C. Collaborating for new product development: Selecting

the partner with maximum potential to create value [J]. Journal of Product Innovation Management, 2006, 23 (4): 330 – 341.

[107] Zhang J, Baden—Fuller C, Mangematin V. Technological knowledge base, R&D organization structure and alliance formation: Evidence from the biopharmaceutical industry [J]. Research Policy, 2007, 36 (4): 515 – 528.

[108] Kim C, Song J. Creating new technology through alliances: an empirical investigation of joint patents [J]. Technovation, 2007, 27 (8): 461 – 470.

[109] Zhang J, Baden—Fuller C. The influence of technological knowledge base and organizational structure on technology collaboration [J]. Journal of Management Studies, 2010, 47 (4): 679 – 704.

[110] Nielsen B B, Gudergan S. Exploration and exploitation fit and performance in international strategic alliances [J]. International Business Review, 2012, 21 (4): 558 – 574.

[111] Gulati R. Alliances and networks [J]. Strategic Management Journal, 1998, 19 (4): 293 – 317.

[112] Rycroft R W. Does cooperation absorb complexity? Innovation networks and the speed and spread of complex technological innovation [J]. Technological Forecasting and Social Change, 2007, 74 (5): 565 – 578.

[113] Grant R M, Baden—Fuller C. A knowledge accessing theory of strategic alliances [J]. Journal of Management Studies, 2004, 41 (1): 61 – 84.

[114] Okamuro H. Determinants of successful R&D cooperation in Japanese small businesses: The impact of organizational and contractual characteristics [J]. Research Policy, 2007, 36 (10): 1529 – 1544.

[115] Aalbers R. The role of contracts and trust in R&D alliances in the Dutch biotech sector [J]. Innovation: Management Policy & Practice, 2010, 12 (3): 311 – 329.

[116] Lin C, Wu Y J, Chang C C, et al. The alliance innovation performance of R&D alliances—the absorptive capacity perspective [J]. Technovation, 2012, 32 (5): 282 – 292.

[117] Kotabe M, Martin X, Domoto H. Gaining from vertical partnerships: Knowledge transfer, relationship duration, and supplier performance improvement in the US and Japanese automotive industries [J]. Strategic Management Journal, 2003, 24 (4): 293 – 316.

[118] Sampson R C. R&D alliances and firm performance：The impact of technological diversity and alliance organization on innovation ［J］. Academy of Management Journal，2007，50 (2)：364 – 386.

[119] Nielsen B B, Nielsen S. Learning and innovation in international strategic alliances：an empirical test of the role of trust and tacitness ［J］. Journal of Management Studies，2009，46 (6) 1031 – 1056.

[120] 王萍，魏江，邓爽，等. 知识密集型服务企业与合作者合作创新现状 ［J］. 科研管理，2010，31 (3)：27 – 34.

[121] 冯博，樊治平. 基于协同效应的知识创新团队伙伴选择方法 ［J］. 管理学报，2012，09 (2)：258 – 261.

[122] 于春海，樊治平，周文光. 基于产品创新的企业 R&D 联盟形成的博弈分析 ［J］. 运筹与管理，2008，17 (4)：56 – 60，71.

[123] 游静. 不确定性影响下的系统集成知识创新成本分摊 ［J］. 科研管理，2012，33 (1)：27 – 34.

[124] 蒋樟生，胡珑瑛. 技术创新联盟知识转移决策的主从博弈分析 ［J］. 科研管理，2011，32 (4)：19 – 25.

[125] 丁秀好，黄瑞华. 知识产权风险对合作创新企业间知识转移的影响研究 ［J］. 科研管理，2008，29 (3)：16 – 21.

[126] 丁秀好，黄瑞华. 基于媒介丰度的合作创新中知识转移媒介引发知识产权风险研究 ［J］. 研究与发展管理，2010，22 (4)：92 – 98.

[127] 刁丽琳. 合作创新中知识窃取和保护的演化博弈研究 ［J］. 科学学研究，2012，30 (5)：721 – 728.

[128] 杨玉秀，杨安宁. 合作创新中知识溢出的双向效应 ［J］. 工业技术经济，2008，(8)：107 – 110.

[129] 蒋军锋，盛昭瀚，王修来. 基于能力不对称的企业技术创新合作模型 ［J］. 系统工程学报，2009，24 (3)：335 – 342.

[130] 吴江宁，刘娜. 基于任务需求的团队知识传播研究 ［J］. 运筹与管理，2013，22 (1)：208 – 215.

[131] 汪应洛，李勖. 知识的转移特性研究 ［J］. 系统工程理论与实践，2002，22 (10)：8 – 11.

[132] Ryu C, Kim Y J, Chaudhury A, Rao H R. Knowledge acquisition via three learning processes in enterprise information portals: learning – by – investment, learning – by – doing, and learning – from – others [J]. MIS Quarterly, 2005, 29 (2): 245 – 278.

[133] Turner S F, Bettis R A, Burton R M. Exploring depth versus breadth in knowledge management strategies [J]. Computational and Mathematical Organization Theory, 2002, 8 (01): 49 – 73.

[134] Grant R M. Toward a knowledge—based theory of the firm [J]. Strategic Management Journal, 1996, 17, 109 – 122.

[135] 卢兵, 廖貅武, 岳亮. 联盟中知识转移效率的分析 [J]. 系统工程, 2006, 24 (6): 46 – 51.

[136] Nonaka I. Redundant, Overlapping Organization: A Japanese Approach to Managing the Innovation Process [J]. California Management Review, 1990, 32 (3), 27 – 38.

[137] 李莉, 党兴华, 张首魁, 等. 基于知识位势的技术创新合作中的知识扩散研究 [J]. 科学学与科学技术管理, 2007, 28 (4): 107 – 112.

[138] Cummings J L, Teng B S. Transferring R&D knowledge: the key factors affecting knowledge transfer suceess [J]. Journal of Engineering and Technology Management, 2003, 20: 39 – 68.

[139] 陈国权, 宁南. 团队建设性争论、从经验中学习与绩效关系的研究 [J]. 管理科学学报, 2010, 13 (8): 65 – 77.

[140] 张庆普, 李志超. 企业隐性知识的特征与管理 [J]. 经济理论与经济管理, 2002, (11): 47 – 50.

[141] 王江. 知识管理中隐含经验类知识的开发利用策略 [J]. 科研管理, 2003, 24 (3): 63 – 67, 108.

[142] 董升平, 胡斌, 张金隆, 等. 基于成员—任务互动的团队有效性多智能体模拟 [J]. 中国管理科学, 2008, 16 (5): 171 – 181.

[143] 张翼, 樊耘. 人与环境匹配: 一个基于员工—组织复合型视角的模型 [J]. 管理评论, 2011, 23 (5): 103 – 112.

[144] 孙锐, 李海刚. 基于知识创新的知识团队研究 [J]. 科研管理, 2006, 27 (6): 92 – 96.

[145] 王众托. 系统集成创新与知识的集成和生成 [J]. 管理学报, 2007, 4 (5):

542 – 548.

[146] Khamseh H M, Jolly D R. Knowledge transfer in alliances：determinant factors ［J］. Journal of Knowledge Management, 2008, 12 (1)：37 – 50.

[147] 晏双生. 知识创造与知识创新的涵义及其关系论 ［J］. 科学学研究, 2010, 28 (8)：1148 – 1152.

[148] Stewart G L. A meta – analytic review of relationships between team design features and team performance ［J］. Journal of Management, 2006, 32 (1)：29 – 55.

[149] 陈国权, 赵慧群. 中国企业管理者个人、团队和组织三层面学习能力间关系的实证研究 ［J］. 管理学报, 2009, 6 (7)：898 – 905.

[150] Rothrock L, Harvey C M, Burns J. A theoretical framework and quantitative architecture to assess team task complexity in dynamic environments ［J］. Theoretical Issues in Ergonomics Science, 2005, 6 (2)：157 – 171.

[151] Cohen W M, Levinthal D A. Innovation and learning：the two faces of R&D ［J］. Economic Journal, 1989, 99 (9)：569 – 596.

[152] Zahra SA, George G. The net – enabled business innovation cycle and the evolution of dynamic capabilities ［J］. Information Systems Research, 2002, 13 (2)：147 – 150.

[153] 马华维, 杨柳, 姚琦, 等. 组织间信任研究述评 ［J］. 心理学探新, 2011, 31 (2)：186 – 191.

[154] Koza M P, Lewin A Y. The co evolution of strategic alliances ［J］. Organization Science, 1998, 9 (3)：255 – 264.

[155] Lavie D, Rosenkopf L. Balancing exploration and exploitation in alliance formation ［J］. Academy of Management Journal , 2006, 49 (4)：797 – 818.

[156] 蒋天颖, 程聪. 企业知识转移生态学模型 ［J］. 科研管理, 2012, 33 (2)：130 – 138.

[157] Ginsburg M. Intranet document managements systems as knowledge ecologies ［C］. Proceedings of the 33rd Hawaii International Conference on System Sciences, Hawaii, 2000.

[158] 张成考, 吴价宝, 纪延光. 虚拟企业中知识流动与组织间学习的研究 ［J］. 中国管理科学, 2006, 14 (2)：129 – 135.

[159] Prahalad C K, Hamel G. The core competence of corporation ［J］. Harvard Business Review, 1990, 68 (3)：79 – 91.

[160] Inkpen A. Learning, knowledge acquisition, and strategic alliances [J]. European Management Journal, 1998, 16 (2): 223 – 229.

[161] 罗珉，王雎. 组织间关系的拓展与演进：基于组织间知识互动的研究 [J]. 中国工业经济，2008, (1): 40 – 49.

[162] 李成龙，秦泽峰. 产学研合作组织耦合互动对创新绩效影响的研究 [J]. 科学管理研究，2011, 29 (2): 100 – 103.

[163] 张德茗. 企业隐性知识沟通的动力机制研究 [J]. 中国软科学，2011, (10): 176 – 184.

[164] 陈亮，武邦涛，陈忠，等. 组织沟通模式对企业员工关系网络结构的影响 [J]. 系统管理学报，2010, 19 (1): 37 – 44.

[165] Castiaux A. Radical innovation in established organizations: being a knowledge predator [J]. Journal of Engineering and Technology Management, 2007 (4): 36 – 52.

[166] Park, B I. What matters to managerial knowledge acquisition in international joint ventures? High knowledge acquirers versus low knowledge acquirers [J]. Asia Pacific Journal of Management, 2010, 27 (1): 55 – 79.

[167] Pérez—Luño A. Valle—Cabrera R. How does the combination of R&D and types of knowledge matter for patent propensity? [J]. Journal of Engineering and Technology Management, 2011, 28 (1 – 2): 33 – 48.

[168] 郭艳丽，易树平，等. 基于知识位势的研发团队合作创新博弈分析 [J]. 系统工程，2012, 30 (12): 70 – 76.

[169] Daft, R. L., Lengel, R. H.. Trevino L. K. Message equivocality, media selection, and manager performance: Implications for informationsystems J. MIS Quarterly, 1987, 11 (3): 354 – 366.

[170] 汪忠，黄瑞华. 合作创新企业间技术知识转移中知识破损问题研究 [J]. 科研管理，2006, 27 (2): 95 – 101.

[171] 周辉. 产品研发管理——构建世界一流的产品研发管理体系 [M]. 北京：电子工业出版社，2013.

[172] 张利华. 华为研发 [M]. 北京：机械工业出版社，2013.

[173] Makadok R. Toward a synthesis of the resource – based and dynamic – capability view of rent creation [J]. Strategic Management Journal, 2001, 22 (5): 387 – 401.

[174] 吴丙山，赵骅，罗军，等. 高新技术企业中知识分享微观机制研究［J］. 科研管理，2012，33（3）：65 – 71.

[175] 郑秀榆，张玲玲. 基于知识位势的组织知识转移与共享的激励机制研究［J］. 中国管理科学，2008，16（s1）：606 – 612.

[176] 蔡珍红. 知识位势、隐性知识分享与科研团队激励［J］. 科研管理，2012，33（4）：108 – 115.

[177] 张维迎. 博弈论与信息经济学［M］. 上海：上海人民出版社，2006.

[178] Jehn K A. A qualitative analysis of conflict types and dimensions in organizational groups［J］. Administrative Science Quarterly，1997，42：530 – 557.

[179] Liang T P，Jiang J，Klein G S，Liu J Y C. Software quality as influenced by informational diversity，task conflicts，and learning in project teams［J］. IEEE Transactions on Engineering Management，2010，57（3）：477 – 487.

[180] Montes C，Rodríguez D，Serran G. Affective choice of conflict management styles［J］. International Journal of Conflict Management，2012，23（1）：6 – 18.

[181] Rahim M A. Toward a theory of managing organizational conflict［J］. International Journal of Conflict Management，2002，13（3）：206 – 235.

[182] Chen G Q，Liu C H，Tjosvold D. Conflict management for effective top management teams and innovation in China［J］. Journal of Management Studies，2005，42（2）：277 – 300.

[183] 易余胤. 技术创新中不道德模仿行为的演化博弈分析［J］. 统计与决策，2008，（20）：74 – 76.

[184] 李旭. 社会系统动力学：政策研究的原理、方法和应用［M］. 上海：复旦大学出版社，2009.

[185] Wang W T. System Dynamics Modelling for Examining Knowledge Transfer During Crises［J］. Systems Research and Behavioral Science，2011，28：105 – 127.

[186] 曾俊健，陈春花，李洁芳，等. 主动组织遗忘与组织创新的关系研究［J］. 科研管理，2012，33（8）：128 – 136.

[187] 陈春花，金智慧. 知识管理中的主动遗忘管理［J］. 科学学与科学技术管理，2006，27（4）：104 – 108.

[188] 张光磊，刘善仕，彭娟，等. 组织结构、知识吸收能力与研发团队创新绩效：一

个跨层次的检验 [J]. 研究与发展管理, 2012, 24 (2): 19 - 27.

[189] 张小兵. 知识吸收能力与组织绩效关系: 组织学习视角的实证研究 [J]. 管理学报, 2011, 08 (6): 844 - 851, 884.

[190] Lane PJ, Koka B, Pathak S. The reification of absorptive capacity: a critical review and rejuvenation of the construct [J]. Academy of Management Review, 2006, 31 (4): 833 - 863.

[191] 周霞, 何健文. 组织知识吸收能力与个人知识吸收能力的连通性研究 [J]. 中国科技论坛, 2011, (11): 113 - 118, 125.

[192] 樊钱涛, 王大成. 研发项目中隐性知识传递效果的影响机制研究 [J]. 科研管理, 2009, 30 (2): 47 - 56.

[193] 洪雁, 王端旭. 领导行为与任务特征如何激发知识型员工创造力: 创意自我效能感的中介作用 [J]. 软科学, 2011, 25 (9): 81 - 85.

[194] 奉小斌. 研发团队跨界行为对创新绩效的影响——任务复杂性的调节作用 [J]. 研究与发展管理, 2012, 24 (3): 56 - 65.

[195] 刘博逸. 共享领导与团队绩效: 任务复杂性和互依性的调节效应 [J]. 学术论坛, 2012, (6): 29 - 32.

[196] 沈灏, 李垣. 联盟关系、环境动态性对创新绩效的影响研究 [J]. 科研管理, 2010, 31 (1): 77 - 85.

[197] Tjosvold D, Hui C, Yu Z. Conflict management and task reflexivity for team in - role and extra - role performance in China [J]. International Journal of Conflict Management, 2003, 14 (2): 14l - 163.

[198] Tidstrom A. Causes of conflict in intercompetitor cooperation [J]. Journal of Business&Industrial Marketing, 2009, 24 (7): 506 - 517.

[199] 杨溢. 企业内知识共享与知识创新的实现 [J]. 情报科学, 2003, 21 (10): 1107 - 1109.

[200] 李孝明, 蔡兵, 顾新. 创新团队的知识共享 [J]. 科技管理研究, 2008, 28 (4): 246 - 250.

[201] Staples D, Webster J. Exploring the effects of trust, task interdependence and virtualness on knowledge sharing in teams [J]. Information System Journal, 2008, 18 (6): 617 - 640.

［202］ Pan S L, Leidner D E. Bridging communities of practice with information technology in pursuit of global knowledge sharing ［J］. Journal of Strategic Information Systems, 2003, 12 (1): 71 - 88.

［203］ 秦开银, 杜荣, 李燕, 等. 临时团队中知识共享对快速信任与绩效关系的调节作用研究 ［J］. 管理学报, 2010, 7 (1): 98 - 102, 110.

［204］ 毛崇峰, 龚艳萍, 周青, 等. 组织间邻近性对技术标准合作绩效的影响研究——基于闪联的案例分析 ［J］. 科学管理研究, 2012, 30 (2): 104 - 108.

［205］ Moodysson J, Jollsso O. Knowledge Collaboration and Proximity: The Spatial Organization of Biotech Innovation Projects ［J］. European Urban and Regional Studies, 2007, 14 (2): 115 - 131.

［206］ Basile R, Capello R, Caragliu A. Technological interdependence and regional growth in Europe: Proximity and synergy in knowledge spillovers ［J］. Papers in Regional Science, 2012, 91 (4): 697 - 722.

［207］ Lui S S, Ngob H Y, Hon A H. Coercive strategy in interfirm cooperation: mediating roles of interpersonal and interorganizational trust ［J］. Journal of Business Research, 2006, 59 (4): 466 - 474.

［208］ Scppanen R, Blomqvist K, Sundqvist S. Measuring interorganizational trust: a critical review of the empirical research in 1990 - 2003 ［J］. Industrial Marketing Management, 2007, 36 (2): 249 - 265.

［209］ 张喜征, 潘永强. 知识联盟中知识共享的开放水平研究 ［J］. 财经问题研究, 2010, (1): 46 - 51.

［210］ Popp L, Zhou K Z, Ryu S. Alternative origins to interorganirational trust: all interdependence perspective on the shadow of the past and the shadow of the future ［J］. Organization Science, 2008, 19 (1): 39 - 55.

［211］ 孙彩虹, 于辉, 齐建国, 等. 企业合作 R&D 中资源投入的机会主义行为 ［J］. 系统工程理论与实践, 2010, 30 (3): 447 - 455.

［212］ Oxley J E, Sampson R C. The scope and governance of international R&D alliances ［J］. Strategic Management Journal, 2004, 25 (8 - 9): 723 - 749.

［213］ Kale P, Singh H. Learning and protection of proprietary assets in strategic alliances: building relational capital ［J］. Strategic Management Journal, 2000, 21 (3):

217 – 237.

[214] 吴海滨，李垣，谢恩，等. 学习型联盟中知识资产开放水平的模型分析［J］. 中国管理科学，2004，12（5）：111 – 115.

[215] 龙勇，姜寿成. 基于知识创造和知识溢出的 R&D 联盟的动态模型［J］. 管理工程学报，2012，26（1）：35 – 41.

[216] 钟永光，贾晓菁，李旭. 系统动力学［M］. 北京：科学出版社，2009.